科学的浪花

"灿若星辰浙大人"之科学篇

"灿若星辰浙大人"丛书编委会 编

ZHEJIANG UNIVERSITY PRESS
浙江大学出版社

图书在版编目（CIP）数据

科学的浪花："灿若星辰浙大人"之科学篇／"灿
若星辰浙大人"丛书编委会编. —杭州：浙江大学出版
社，2020.5
ISBN 978-7-308-19730-4

Ⅰ.①科… Ⅱ.①灿… Ⅲ.①创造发明－普及读物 ②
科学发现－普及读物 Ⅳ.①G305-49

中国版本图书馆 CIP 数据核字（2019）第 257189 号

科学的浪花："灿若星辰浙大人"之科学篇
"灿若星辰浙大人"丛书编委会 编

责任编辑　张一弛
责任校对　杨利军
封面设计　周　灵
出版发行　浙江大学出版社
　　　　　（杭州市天目山路 148 号　邮政编码 310007）
　　　　　（网址：http://www.zjupress.com）
排　　版　浙江时代出版服务有限公司
印　　刷　杭州钱江彩色印务有限公司
开　　本　710mm×1000mm　1/16
印　　张　12.5
字　　数　160 千
版 印 次　2020 年 5 月第 1 版　2020 年 5 月第 1 次印刷
书　　号　ISBN 978-7-308-19730-4
定　　价　49.00 元

翻开这一页,要聊聊"赛先生"。

这个词折射出时代的烙印。今天这个时代,人们无时无刻不沉浸在科学技术带来的方便、自如和适宜中。这背后,有着一次次技术迭代,或者某一个重大突破推动了行业的发展,等等。

"赛先生"让人们从愚昧无知变得聪明睿智,从野蛮走向文明,让枯燥的生活变得有趣、有价值、有意义。在追求科学的道路上,人们从未停止脚步。

"赛先生"是这些科学的原理及其要义,同时,"赛先生"也是有血有肉的科学家团队——他们有的是同事,更多的是师生。学生从老师那里习得知识,习得技术,更习得了科学的精神;老师教给学生本领,教会学生方法,更教会他们探知奥秘的信心、信念与信仰。

在历史的浪潮中,每一次科学的小发现、小发明都是一朵小浪花,最后都有可能变成改变世界的浪潮。

这本书记录下这些精彩的研究成果,收集下这一朵朵科学海洋中的小浪花,在未来的某一天,这些浪花也许会变成引领世界的潮流。当你在走近它们时,或许你会串联起所学知识,而更多的未来等待你去参与。科学家们以别样的好奇心了解我们周遭的世界,用科学的审美去发现生活之异。

　　或许,你还需要带着一个问题,思考从一个科学问题到重新书写教科书有多少路要走。

　　浙大很大,师生很多,翻开这一页开启探索旅程吧。

第一章　溯源

一张"卫星云图"让癫痫病灶无处可逃 /003

基因突变导致听觉障碍：捕获一个耳聋"元凶" /009

用"真金白银"揭示合作行为背后的认知机制 /013

"睡眠 2 小时精神一整天"不是梦：果蝇研究发现"睡眠防火墙" /017

从"社交律动"中找寻自闭症的"信息密钥" /022

人类对菱角的干预可追溯至六七千年前 /030

为消灭亚洲头号水稻害虫增加 32 个潜在靶标 /036

寻找肿瘤细胞生长的"多米诺骨牌" /039

"双十一"会冲动消费，因为大脑只要 1/5 秒就能做出决定 /044

你知道"向前看"到底是向哪儿看吗？ /047

第二章　启新

模拟光合作用，染料敏化太阳能电池的能量转化效率达 10％ /053

让薄膜上"长"出图灵结构 /057

让又脆又硬的无机材料变得"弹弹弹" /063

变废气为高附加值的高分子材料 /069

数码喷印上演"速度与激情" /073

在这场"世界杯"上，中国队用机器人夺得冠军 /077

废水自回收除锈爬壁机器人成功投入使用 /081

在纸上画出可收集人体运动能的高效摩擦纳米发电机 /084

像包饺子一样制出细胞大小的胶体机器人 /088

新型软件系统帮助识别乱玩手机的"熊孩子" /092

第三章　笃行

脑科学与人工智能将如何融合创新？ /099

与古今中外的数学大师来一场对话 /102

浙大"90后"博导上线 /108

对科研的热爱无关性别和年龄 /112

好奇是做研究的原动力 /115

"全国五一劳动奖章"的坚守与探索 /118

科研"土著" /121

法理学研究要实现转型升级 /126

山间菌子治愈贫困顽疾 /133

让景东乌骨鸡变身金凤凰 /138

两篇 Nature 论文一个娃，拿下浙大最高奖学金的"90后"博士生 /144

第四章　格致

新发传染病防治，中国从跟随到领跑世界 /153

消灭危废之"危" /162

破解燃"煤"之急 /167

超重力离心模拟与实验装置获立项批复 /176

世界第一张哺乳动物细胞图谱绘制成功 /179

解码土壤微生物"黑箱" /183

量产国内首个实用型彩茧品种"金秋×初日" /187

变"废"为宝，霉菌孢子碳也能存储能源 /189

后 记 /193

第一章

溯　源

一张"卫星云图"让癫痫病灶无处可逃

癫痫是常见的神经系统疾病,大部分起病于儿童时期。精准诊断对制订合理的治疗方案、实现有效的病情评估至关重要,然而长期以来,学龄期儿童癫痫诊疗评估尚缺乏有效的客观指标。浙江大学临床科学家团队在癫痫的分子影像精准诊治等临床研究方面取得了一系列阶段性进展,为搜寻隐匿的癫痫病灶找到了新途径。

该团队通过建立儿童癫痫正电子发射断层显像(PET,Positron Emission Tomography)脑代谢数据库,结合核磁共振(MRI)、脑电图及多年的临床随访,探索建立了有效评估非手术药物治疗癫痫患儿病情的影像方法,在指导治疗和评估预后等方面,提供了客观可靠的影像技术手段。

这一系列研究成果由浙江大学医学院附属第二医院核医学科与PET中心的田梅教授、张宏教授团队,儿科主任医师冯建华,神经内科主任医师王爽、副主任医师丁瑶,以及神经外科主任医师朱君明等,通过多学科、多团队合作,协同攻关。国际核医学与分子影像领域的两大顶级期刊,美国核医学与分子影像学会、欧洲核医学分子影像学会的会刊相继刊发了3篇与该研究成果相关的论文。

PET 可以看到核磁共振看不到的细胞代谢异常

癫痫已经成为一种常见疾病,但在临床检测上,仍有 40％～60％ 左右的病例在手术前还找不到病灶在哪儿。

过往对癫痫的检查手段第一步是参看脑电图,而事实是:在未发作时大概率是找不到异常癫痫脑电波的,因而即时性的医院检查往往捕捉不到发病时的状态。同时,癫痫病灶还有可能不在某个单一部位。"所以,从脑电图中,医生可能看不出具体发病的脑区。"浙江大学医学 PET 中心田梅说。

那么如何找到癫痫病灶? 稍有一些临床知识的人会想到一个词——"拍片"。这类公众熟知的医学成像方式大多是 X 光、CT、核磁共振。而一般说来,人类的重大疾病往往都是先发生生物化学的变化,之后才有组织结构大小的变化,因此核磁共振等不一定能够真正看清那些只有细胞代谢异常的早期病灶。

田梅的团队通过 PET 从分子成像技术的角度克服了这一困难。

PET 的基本原理是,将某一个小分子注射进身体内,用图像的方式反映小分子在体内去了哪儿、待了多久、从哪排出,在对比中观察异常情况。田梅介绍道:"通过 PET,可以看到有的地方分子去不了,有的地方分子大量聚集,最大的特点是看清细胞和分子层面生物化学的变化过程。"

通过检索国内外文献,可知儿童非手术癫痫病灶检出率为 15％～39％,而运用田梅教授的团队研制的 PET 影像分析方法,可以将这一检出率提高到 79％。

用 PET"导航"大脑癫痫病发作区域只需 3 分钟

癫痫的发病机理是神经细胞膜电位的异常放电。这一放电从低能量开始集聚，达到阈值后，就会引起"闪电"，导致病人肢体抽搐，甚至意识丧失。

PET 葡萄糖从静脉打入后，到肺、心脏，到各肢体，再到肝脏代谢、肾脏排出，直至从膀胱排走，在身体里走一遍，大概 40～60 分钟。在浙大，3～4 分钟便可做完整个脑部 PET 扫描，马上进行图像重建和分析。

浙大临床科学家团队通过 PET 葡萄糖代谢成像，发现在癫痫不发作时，病灶脑区比周边区域的代谢更加缓慢，没有明显能量使用的这部分脑区很有可能是癫痫发作区域（相当于电闪雷鸣或地震前的异常平静）。研究中，有些病人的能量聚集得非常高，提示癫痫将要发作。"这些'闪电'前的能量聚集，在无法显示细胞能量聚集的 CT、核磁成像中是看不到的。"

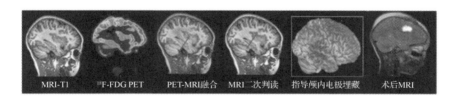

MRI-T1　　¹⁸F-FDG PET　　PET-MRI融合　　MRI二次判读　　指导颅内电极埋藏　　术后MRI

注：难治性癫痫患者的手术前后 PET-CT 与 MRI 影像检查对比。6 岁患儿，发现难治性癫痫 6 年，头颅 MRI 未发现病灶（MRI 阴性），进行 18F-FDG PET 检查后与MRI 图像融合分析发现，右侧额中回附近有低代谢。在融合影像的指引下，MRI 二次判读发现右侧额中回一个曾被忽略的可疑病灶。随后进行颅内脑电监测，确认该病灶为致病灶并进行手术切除。术后病理证实为局灶性皮质发育不良，随访两年期间没有再发作。

科学家团队除了能够检测到"暴风雨"来临前的平静，还能够结合核磁或者 CT 成像找到病灶位置，并通过建立数据库，运用人工智能进行比对，开展精准手术。"我们团队构建基于 PET 分子影像的 PET-MRI 融合诊断新方法，达到根治癫痫的临床效果。"

这套显著提高难治性癫痫患者的术前病灶发现率的方法，其实就是将 PET 作为"导航"。通过病人的 PET 图像，在与大数据比较后，将异常部分反映到核磁成像的结构图像上，确定病灶的体积，并通过 3D 图像告诉外科医生切除位置。

田梅介绍，核磁成像就是带了经纬度的地图，一旦科学家发现像卫星云图的 PET 成像出现异常后，可以通过在核磁图像上定位找到病变部位。"这就好比模拟一个地区是否会出现风雨雷电，气流是否碰撞形成闪电，可以通过两者结合有一个准确的定位。"

药物是否会影响儿童癫痫患者？ PET 一测便知

由于儿童癫痫患者的大脑尚未成熟，对抗癫痫药物所致的认知损害非常敏感，研究团队进一步针对癫痫最常见的共患病——认知功能障碍，展开了深入研究。

测量认知其实有很多量表，但是简单的套用显然不切合实际。因为低龄儿童未必能正常回答，因此无法判断其是否受到了药物影响。

那么如何科学准确地判断认知程度？

浙大团队首先以参与复杂神经功能网络的单胺神经递质系统为对象，对癫痫患儿的单胺受体（多巴胺 D_2 及 5-羟色胺 2A 受体）功能和葡萄糖代谢进行全脑成像，发现癫痫患儿的认知功能水平与单胺受体功能呈显著正相关，从在体受体水平揭示了单胺神经递质系统参与抗癫痫药所致认知功能障碍的工作机制,为癫痫患儿认知功能障碍治疗提供了潜在靶点。

未来希望更多治疗中可以引入 PET 检测

系列临床研究表明,PET 分子影像技术不仅能够从细胞代谢和受体水平反映癫痫的脑功能与脑代谢改变,而且在癫痫病灶的准确定位、抗癫痫药物所致认知损害评价,以及 PET 影像介导的癫痫手术治疗等方面发挥重要作用,为广大癫痫患者的临床诊治提供精准方案。

说到 PET,还绕不开之前热映的电影《我不是药神》。很多人对片中的"神药"印象深刻,而其中治疗慢性粒细胞白血病的药物原型——格列卫,正是因为 PET 才缩短了早期评估时间。这里也有与田梅教授相关的故事。

那时候,田梅还在美国哈佛大学附属肿瘤医院工作,有幸参与了格列卫一期、二期临床试验。科学家们把葡萄糖代谢 PET 成像作为常规治疗前的全身影像检查——判断病灶具体在哪里、严重程度如何。"肿瘤恶性度越高,吃的糖越多,分裂复制越明显,因此可以对比肿瘤和正常组织的深浅度。"田梅说。

在第一位病人经过格列卫治疗的 24 小时后,田梅和科学家团队发现在病人的 PET 图像上,反映肿瘤细胞"吞食"葡萄糖的黑乎乎的色块竟然找不到了。"第一反应是搞错病人了,对着病人左比右比,身材体形都对,原来增高的色区却没有了。"新药从申报到批准的流程一般需要 10 至 15 年,因为 PET"眼见为实",可以立即看到肿瘤细胞被格列卫抑制的情况,因此对格列卫的早期评估得以加快完成。

田梅说,希望接下来针对不同病种的特异性 PET 影像方法能够应用到更多治疗和术前评估中,也希望更多国家的临床科学家能够参与到相关的临床研究当中,让更多患者得到科学合理的诊断和治疗。

（文：柯溢能）

基因突变导致听觉障碍：捕获一个耳聋"元凶"

根据世界卫生组织的统计推算（2017 年），全球有 3.6 亿人存在不同程度的听力损伤，约占总人口的 5％。中国是世界上听力残疾人数最多的国家，全国有听力残疾者约 2780 万（2006 年数据）。可以说，防聋治聋既是世界性的医学难题，又是关乎国计民生的社会问题。诠释遗传性耳聋的致病机制，正是解决这一问题的关键所在。

浙江大学遗传学研究所的管敏鑫教授长期从事聋病致病机理和临床转化研究。在管教授和陈烨研究员共同主导的一项研究中，团队研究人员利用基因编辑技术首次得到了线粒体 tRNA 转录后修饰基因 Mtu1 缺陷的斑马鱼模型，并从生化、细胞、整体等多层次深入探究 Mtu1 基因缺陷的影响，以全面的研究视角阐明耳聋"元凶"Mtu1 的分子致病机制，为遗传性聋病的防治提供了新的科学依据和治疗手段。

日前该研究结果在线发表于国际知名学术期刊《核酸研究》（*Nucleic Acids Research*），题为《斑马鱼中 Mtu1 的缺失揭示了转移核糖核酸修饰在线粒体形成和听觉功能中的重要作用》，浙江大学医学院 2015 级博士研究生张青海和 2015 级硕士研究生张璐雯为共同第一作者，浙江大学遗传学研究所管敏鑫教授和陈烨研究员为共同通讯作者。

斑马鱼与人类的基因相似性在85%以上,细胞信号转导通路高度保守,且胚胎透明,便于观察和体外操作,是一种优异的研究人类疾病致病机制的脊椎动物模型。

那么在听觉功能障碍的研究中,科研人员如何判断Mtu1基因突变的斑马鱼"耳聋"了呢?

浙大科研人员表示,从宏观上讲,听力损伤的斑马鱼会表现出异常的惊吓反应和游泳行为。通过实验,还可以观察到耳石变小和前庭器官中毛细胞的数量减少等形态学特征。

前期研究中,管敏鑫团队已经在多个聋病家系中发现Mtu1基因突变与遗传性聋病的发生发展相关。本次研究中,张青海、张璐雯等利用CRISPR/Cas9系统首次构建了Mtu1敲除的斑马鱼模型,从多层次深入探究致病机理,确定Mtu1导致遗传性耳聋在于对听力所需的能量"发电厂"的破坏。

tRNA是细胞内主要的RNA分子之一,存在各种不同的转录后修饰,其在蛋白质合成、组织发育和疾病发生发展过程中起关键性的调控作用,自50多年前首次被发现以来一直受到科学家的广泛关注。tRNA可将氨基酸这些"零部件"转运和组装成为蛋白质"机器",进而使之在线粒体中形成可产生能量的"发电厂"。

近年来,科学家们发现线粒体中22种tRNA存在着不同的转录后修饰,在组织发育和疾病发展过程中起到重要调节作用。这些"修饰"就是一种标记,好比人们在行李箱上贴上不同的贴纸,以便一眼就能认出自己的箱子一样,线粒体合成蛋白质时能够通过这些标记更加清楚地识别需要的tRNA。

管敏鑫表示,Mtu1是分布在线粒体内的一种高度保守的tRNA

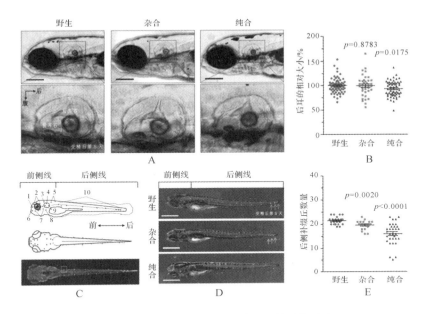

突变斑马鱼耳石减小和侧线神经丘数量的减少

修饰酶,Mtu1 介导的转录后修饰是确保 tRNA 行使正确功能的重要质量控制方式,也是维持线粒体功能稳定的关键。

前期研究发现,通过体外细胞培养等方法初步证实 Mtu1 突变导致线粒体 tRNALys、tRNAGln 和 tRNAGluU34 摆动位点的 5-牛磺酰甲基-2-硫尿苷(τm5s2U)修饰水平下降,进而引起线粒体蛋白合成下降、ATP 产量下降,同时携带突变基因的细胞对刺激更加敏感,产生更多活性氧。

本研究中,浙大科研人员进一步探究了 Mtu1 突变导致的 tRNA τm5s2U 修饰障碍,进而引起听力损失的分子机制。实验发现,Mtu1 突变后,斑马鱼线粒体中 tRNA 的代谢、蛋白的翻译、电子呼吸链酶活性和 ATP 产能都有显著的改变;这些改变引起线粒体功能障碍,进而导致听觉器官发育缺陷,包括耳石变小和前庭器官中毛细胞的数量减少等,最终导致听觉功能障碍。通俗地说,当 Mtu1 基因突变时,有 3

种 tRNA 无法准确识别相关信息，无法精确地合成线粒体产生能量的蛋白质"机器"，"机器"功能受损引发线粒体这个产能"发电厂"的"供电不足"。

众所周知，内耳是生物体感知声音的最重要部位，其中内耳毛细胞又是听到声音的关键。内耳毛细胞作为一种高耗能的细胞，在维持生命活动和行使功能的过程中需要大量的线粒体为其供能。因此当 Mtu1 基因影响线粒体功能时，这种"供电不足"引起了生物体的听觉功能障碍。

管敏鑫团队从斑马鱼研究的新视角中，揭示了 tRNA 转录后修饰缺陷导致聋病发生的机理，该机制为研究基因治疗遗传性聋病奠定了坚实的理论基础。

另外值得一提的是，这项工作的第一作者都是三年级的硕士研究生，其中张青海已转攻博士学位。在这项长达 3 年的研究里，张青海有很长一段时间就是在实验室养斑马鱼，他说："养鱼的过程虽然比较枯燥，但是能够静下来对实验过程有一个很好的设计与梳理。"

该研究获得国家重点基础研究发展计划（"973"计划）及国家自然科学基金等的支持。

（文：柯溢能）

用"真金白银"揭示合作行为背后的认知机制

在路边看到老人摔倒在地,扶还是不扶？这或许是个道德问题,也或许是个社会问题,但在浙江大学管理学院"百人计划"研究员陈发动眼中,这是一个经济学问题,也是一个决策科学问题。

陈发动与美国俄亥俄州立大学助理教授伊恩·克拉比奇(Ian Krajbich)合作在《自然·通讯》(*Nature Communications*)上发表研究论文,系统探讨了关于人类合作(亲社会)行为背后的认知机制。

现实社会中的人不是完全自私的

陈发动和他的合作伙伴研究的人类合作行为,普遍存在于人类社会。陈发动介绍,合作可以简单地理解为:我支付一定的成本,而你则有所受益。这就好比当遇到老人摔倒,面对扶与不扶的选择时,人们大脑中可能会有这样一个思考过程——

如果扶(合作),需要付出一定的成本,但老人会更安全健康;

如果不扶(不合作),不需要付出任何成本,但老人也得不到什么利益。

现实生活中,每个人都会遇到类似的选择,只不过应用场景不同,陈发动想通过实验,更加清晰地揭示人们做出类似选择行为背后的认知机制和规律究竟是什么。

看到这里,不难发现,合作行为与传统的决策科学或经济学假设不同,人不是完全自私的,不是只考虑自己的收益而不顾及别人。陈发动表示,就好像很多物理学理论是建立在"真空"状态的假设之上,传统的决策科学或经济学是建立在人是完全自私和完全理性的基础之上的,但现实社会中人并不是像理论所假设的那样。

"行为决策理论把完全自私的假设'放松'了,人不仅关心自己的收益,也关心他人的收益,否则很难解释现实中人们的义举善行。"陈发动说,"我的研究就是找寻人类合作行为背后的认知机制,也就是人类大脑是如何思考并做出这些决策的。"

"真金白银"实验

在陈发动的实验中,合作与否直接表现在金钱收益上。"每个被试的选择,直接决定他们在实验后拿到的酬劳。"陈发动说。这是一个以金钱激励为手段的实验,在研究中,他和合作伙伴召集了102个被试,每个被试需要针对200个不同的决策任务做出选择。

实验随机将两人分为一组。在200个任务中,50个在时间压力下完成,50个在时间延迟下进行,另外100个分成两组,每组各50个,在没有时间限制(时间自由)的条件下进行。陈发动介绍:"一般情况下,人们完成一次类似决策任务的时间是3~4秒,时间压力下,被试要在2秒内做出选择,时间延迟则是指被试需要充分思考10秒后再做出选择。"

被试需要完成的任务是在自己的收益高而对方的收益低(利己),以及减少自己部分收益但是提高对方受益(利他)这两者中做出选择。陈发动及其团队根据时间自由条件下被试做出的50个选择,判断出

被试者利己或是利他的倾向,进而对比时间延迟、时间压力和时间自由条件下,该被试的行为偏好变化。

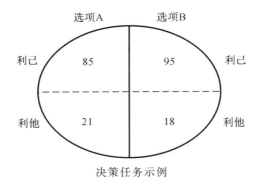

决策任务示例

倾向偏差与证据累积,探寻行为背后的动因

实验发现,时间压力与时间延迟对人的行为偏好的影响具有很强的异质性:时间压力让利己的人变得更加利己,让利他的人变得更加利他;而时间延迟则让利己的人变得更加利他,让利他的人变得更加利己。

陈发动解释:"时间压力下人往往倾向于依靠直觉做出选择,人们在直觉上是偏向利他还是利己存在很大的异质性,现实中既有相当数量天性善良的人,也有相当数量天性吝啬的人。这也说明不存在严格意义上的'人性本善'或'人性本恶'。"

实验还发现,被试做出决策所花费的时间与偏好强度密切相关。特别利己和特别利他的人都会很快做出决策;在"扶"与"不扶"对一个人来说差别不大的情况下,做出决策则往往需要花费很长时间。该结果与建立在神经科学证据上的连续累积模型推断一致。

究竟如何解释这些现象和结论呢? 陈发动和伊恩·克拉比奇提出一个带有倾向偏差的证据累积模型来描述合作行为背后的认知机制及合作行为。具体来说,"扶还是不扶"遵循的是一个"证据"累积的过程,即人们在选择扶还是不扶之前,大脑会自动收集支持这两个选项的"证据",证据累积的速率与偏好强度正相关,一旦某个选项的"证据"率先累积到阈值,那么人们就会选择它。

但是,每个人证据累积的起始点不一样:有些人是天生的利他者,他们在初始阶段就手握了大量支持利他选项的"证据";而另一些人则是天生的利己者,他们在初始阶段便有大量支持利己选项的"证据"。因此,当时间非常紧迫时,人们甚至都还没开始收集"证据",决策就已经结束了,显然,这时候初始倾向所拥有的"证据"占到了绝对优势,人们更可能按照自己固有的直觉进行决策。时间压力在一定程度上加强了直觉倾向对决策的影响,使得利他者在时间紧迫下变得更加利他,而利己者则变得更加利己。

然而,一旦决策时间延长,人们有更多的时间思考时,他的成长环境、教育背景和社会公序良俗等因素都会对证据累积过程产生影响,他们也许会发现自己原来的倾向并不是一个"合适"的选择,因此偏好可能会向另一端倾斜。这导致原本利他的人反而变得自私了,而原本自私的人变得利他起来。

"在拟合实验数据之后,我们发现该模型能更好地描述和预测人的行为。"陈发动表示,关于人们决策背后的认知机制研究也可以应用到生活中去,欧美已经有相关的行为洞见团队专门将相关研究应用到公共政策制定上,来提高社会的整体福利。例如,当人们面对是否捐献器官的决策时,政策制定者将"捐献"设置为默认选项,以此来干预或调节人们的第一反应,这样,人们捐献器官的概率与以往相比得到了大大的提升。

(文:柯溢能)

"睡眠2小时精神一整天"不是梦：果蝇研究发现"睡眠防火墙"

昼夜节律和睡眠稳态是共同进化而来的生物现象，前者控制何时入睡，后者控制每天要睡多久。在果蝇、小鼠和人类身上，都能观察到这两者共同作用以控制动物的周期性睡眠。随着近年来对各种模式生物的研究，科研人员对分别调控这两种生物现象的分子和神经通路了解得很多。但在大多数生物体内，节律神经回路如何输出到睡眠中心的这一连接机制仍然未能为人所知——这也成为睡眠领域的一个非常重要的问题。

浙江大学医学院"百人计划"郭方研究员以果蝇为模式生物，鉴定出其脑中背侧的昼夜节律神经元APDN1往睡眠稳态中心——椭球体EB-R2投射的神经回路，并将相关成果发表在知名期刊《神经元》（Neuron）上。研究揭示了该神经回路决定睡眠和觉醒水平的作用机制，为阐述昼夜节律回路和睡眠回路的连接机制提供了非常重要的实验依据。

这项科研工作的第一作者为浙江大学医学院神经生物系郭方研究员，郭方研究员和2017年诺贝尔生理学或医学奖获得者、美国布兰迪斯大学迈克尔·罗斯巴什（Michael Rosbash）教授为本论文的共同通讯作者。

找到"开关"和"连接"

寻找两者的关系，前提是有两个实验基础：一是郭方和导师迈克尔·罗斯巴什之前就对此有过明确的研究，果蝇的昼夜节律神经元APDN1是控制睡眠稳态的"阀门"；二是在2016年，约翰·霍普金斯大学的科学家们已经鉴定出果蝇中调控睡眠稳态的神经元是椭球体EB-R2。

因此研究的主线就落在APDN1与椭球体EB-R2的关系上。

实验中，郭方及其同事们发现果蝇的APDN1神经元有两簇投射，一簇向果蝇大脑前侧，一簇向果蝇大脑后侧。前期的研究中，科学家们关注的是向后的这一簇，它起着抑制果蝇的活动的作用。该期研究发现了果蝇节律神经元控制睡眠的奥秘。

那么APDN1的前一簇具体往哪个脑区投射，其生物学功能是什么？

郭方团队利用最新发明的神经回路技术—跨突触显示技术，追踪投射神经元的走向；并通过膨胀显微镜放大并透明化果蝇的大脑，发现这簇轴突往前投射到一个叫AOTU的脑区。钙成像技术表明，它们支配着一群特殊的TuBu神经元，并通过其与更高脑区域的睡眠稳态中心——椭球体EB-R2偶联。

最终郭方团队在形态学上鉴定出果蝇的背侧节律神经元APDN1往果蝇的睡眠稳态中心——椭球体EB-R2投射的神经回路。神经元APDN1作为一个"开关"调控着EB-R2，激活后的APDN1会在EB-R2中诱导出类似人类睡眠时的特定振荡模式。

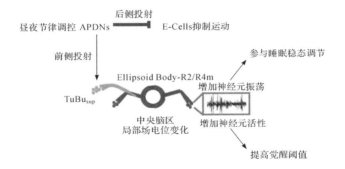

睡眠"防火墙"

已有的研究发现,当人类进入睡眠时,会形成以特定频率振荡的脑电波。那么,郭方团队通过钙成像检测到的果蝇调控睡眠脑区的高频振荡,会不会和在高等动物脑内的一样,起着睡眠时降低对外界反应的作用?

在实验中,郭方通过机械刺激偶联光遗传学实验来证明自己的假设。当果蝇睡眠时,他每隔半个小时给果蝇一个机械振动,果蝇都会产生受激反应,从睡眠中惊醒,呈现出规律性的高活动状态,然后再逐渐入睡。

第一个实验,当只激活 APDN1 神经元时,大脑中产生振荡波。果蝇在受到刺激后懒得动,醒来一下又迅速入睡。

第二个实验,科研人员先通过光遗传学的方式激活 APDN1 神经元,果蝇进入睡眠,再通过特定波长的绿光抑制 EB-R2 神经元中的振荡波。通过观察果蝇的行为发现,受到刺激时果蝇会迅速反应,显著性地呈现高活动状态,再重新进入睡眠。

通过这些实验,郭方发现,果蝇 EB-R2 中产生的特定振荡模式是一道"防火墙",可以"屏蔽"外界信息的输入,让果蝇对外界刺激不敏感。"特定脑区的神经元产生某些频率的共振,可能让神经元锁定在某种状态,使外界信息无法输入。"郭方说,"通过人为打破'防火墙',果蝇则无法进入深睡状态。"

同时,郭方也透露,目前尚待解决的科学问题是"防火墙"是如何导致外界信息无法传入的,这一神经回路传递信号的递质是什么,具体内部机制有待进一步探究。

对这道睡眠"防火墙"的研究,还是一项起点性的工作。未来,可以通过药物治愈失眠,让轻度睡眠患者拥有更好的睡眠质量。科研人员也猜想,随着对深度睡眠机制研究的深入,或许以后充足的睡眠不需要 8 个小时以上,通过调控睡眠深度,在更快时间内补充精力,"睡眠 2 小时精神一整天"也不无可能。"那时候,供人类自由支配的时间更长,可以开启'倍速'人生。"

《神经元》匿名评审专家们对这一研究结果也评价道:"该论文提供了(果蝇)生物钟和睡眠调节之间目前最全面的联系,并为理解高度保守的睡眠和昼夜节律整合的神经机制提供了平台。研究中应用了最先进的遗传工具和实验技术来绘制神经回路。""这一研究将对该领域产生巨大影响。"

"果蝇盒子"

一位匿名专家指出,郭方团队的研究使用多种先进的技术组合,提供了令人信服的证据,证明了将昼夜节律神经元连接到睡眠中心的神经回路及其功能。那么他们是如何把这些技术更好地使用到实验中的呢?这就要提到郭方和他的同事们研发的"果蝇盒子"专利。

这个实验盒具有体积轻便、易于操作等优点,利用摄像头持续记录 96 只果蝇的行为,以高通量筛选调控果蝇行为的基因和神经回路。

那么这个"果蝇盒子"是如何被想到的呢?

这里先讲一个"失眠的果蝇"的故事。和迈克尔·罗斯巴什教授同时获得2017年诺贝尔生理学或医学奖的杰夫·霍尔(Jeff Hall)教授,70年代曾和同事在其导师西摩尔·本泽尔(Seymour Benzer)教授的实验室里,发现了一些"睡不好"的果蝇:突变了的果蝇昼夜节律变短或者变长,通俗来说即有的果蝇节奏快,"一天"短于24小时,而有的果蝇节奏慢,"一天"长于24小时。于是西摩尔·本泽尔对这些果蝇产生了兴趣,发明仪器来监测其昼夜节律。

这个神奇的"果蝇盒子",也是郭方在迈克尔·罗斯巴什教授的实验室里,某一天晚上熬夜做实验,灵机一动想到的。"最早的原型于2015年开始研制,现在已经量产。不仅可以作为果蝇的实验平台,还可以用于记录蚊子、斑马鱼等小型动物的行为。"郭方说。

郭方说,随着相关实验的引入,他们在这个"果蝇盒子"里装上了625nm的红色LED和550nm的绿色LED,能快速对神经元活性进行双向调控,同时也装上了电磁阀控制的睡眠剥夺装置,能定量地对果蝇进行机械刺激,来检测果蝇的觉醒阈值和睡眠深度。

(文:柯溢能)

从"社交律动"中找寻自闭症的"信息密钥"

相信看过电影《海洋天堂》的人,总能为影片中温暖的父子情潸然泪下,这动人情节的背后是影片对自闭症儿童的关注,想要唤起公众对自闭症的重视。自闭症又称孤独症,是一种儿童先天性的严重的神经发育性疾病,发病率约 1‰,致残率高,主要症状为社会交往障碍、语言障碍和行为刻板反复,不小比例还伴有智力障碍。自闭症至今没有有效的治疗方法,临床上行为训练和康复方式的效果不确定。

2018 年 3 月 1 日,神经科学领域顶级期刊《神经元》(*Neuron*)刊登了浙江大学罗建红教授团队关于自闭症模型小鼠社交行为的研究。

这项研究结果表明,内侧前额叶皮层(mPFC)一种特定式样的脑电波异常会导致自闭症模型小鼠出现社交障碍,在成年小鼠身上,通过操纵该皮质的特定类型神经元,可恢复这种脑电波并克服社交障碍。这个发现可能还适用于其他自闭症模型,并且提示了成年期治疗自闭症的可行性。这一发现或为人类自闭症治疗带来新的思路。

这项为期四年半的研究工作出自浙江大学医学院基础医学系,共同第一作者是博士研究生曹蔚和林燊,共同通讯作者是罗建红教授和许均瑜副教授。

自闭症小鼠治疗前后示意图

注:图片以中国剪纸的风格展示了自闭症模型小鼠光遗传治疗前后的两种状态。左边的两只小鼠在社交时由于脑电波异常不能顺利交流,所以失落、惊慌,但是,当接受了特定频率的光遗传刺激治疗,小鼠们开始载歌载舞了(右边)。音符代表 mPFC 中的脑电波振荡,右边的音符强调了 theta-gamma 节律。

研究发现 NL3 小鼠自闭症源于 PV 抑制性神经元兴奋性下降

在线人类孟德尔遗传数据库(OMIM)显示,近 30 种核心基因的改变可能导致自闭症,并且这些基因的功能多与突触的功能有关。突触作为神经元之间通信的功能性结构,构建了神经元之间相互联系的神经网络。

罗建红解释道:"神经连接素(Neuroligins,NLs)是一种把突触前后结构更好地'粘'在一起的蛋白质分子,它使神经元之间的信息传递得以正常进行。已知神经连接素基因的突变可能导致自闭症,因此我们的研究就是从 NL3 基因突变的自闭症模型小鼠开始。"

• 小鼠的社交行为如何度量？

人类社会的社交是指人与人的交际往来,是人们运用一定的方式传递信息、交流思想,以达到某种目的的社会各项活动。天性爱群居的小鼠也有复杂的社交行为,表现为相互嗅探、追逐、发声等。

罗建红团队通过三厢社交实验开展研究,让小鼠在陌生环境中相互靠近并嗅探彼此,从而测量单位时间内嗅探的次数和累计时长,进而度量自闭症小鼠的社交障碍。

野生型小鼠在三厢社交实验的第三个阶段,会表现出对新加入的陌生小鼠 2 的偏好性,即社交趋新现象。而 NL3 基因突变的自闭症小鼠(简称 KI 小鼠)在第三个阶段中,不能够区分出较为熟悉的陌生小鼠 1 和新加入的陌生小鼠 2,即没有表现出偏好性,因此 KI 小鼠表现为社交趋新行为缺陷。

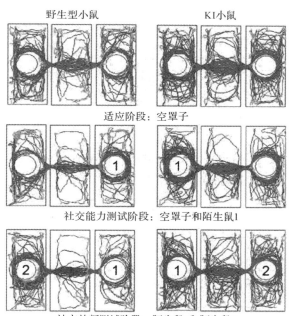

野生型小鼠　　　　　　　　　KI小鼠

适应阶段：空罩子

社交能力测试阶段：空罩子和陌生鼠1

社交趋新测试阶段：陌生鼠1和陌生鼠2

- 实验一:发现小鼠前额叶皮层与社交行为有关

特定行为由脑内特定的神经元活动所支配,神经元活动后细胞内会留下特定的标志物,科学家可以通过追踪这些标志物建立与特定行为的关联。

课题组假设小鼠在进行社交时,大脑某个部位的神经元会发出社交活动的指令。通过分子痕迹的回溯及比较正常小鼠与自闭症小鼠的差异,课题组发现在社交时,自闭症小鼠前额叶皮层存在异常。

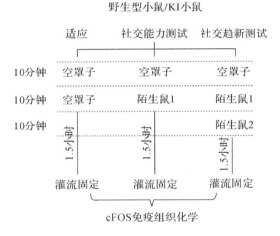

三厢行为学和分子痕迹检测的实验设计图

- 实验二:发现 NL3 自闭症与前额叶皮层中的 PV 神经元异常有关

在确定了关联脑区后,接下来需要定位到更小的结构单位,即从细胞层面找到异常的根源,探索基因变异对细胞功能的改变。

前额叶组织主要有两种神经元类型:具有兴奋性的主神经元和具有抑制性的中间神经元。神经元相互连接形成功能网络。课题组发现是一种表达小清蛋白(parvalbumin,PV)的神经元出现了问题。PV

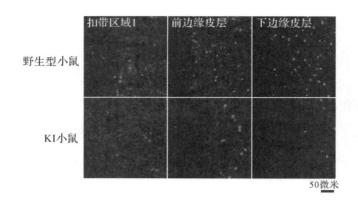

社交趋新组中野生型小鼠和 KI 小鼠 mPFC 各亚脑区的分子痕迹

神经元是一类代表性的抑制性神经元,代表了高代谢和高电活动的亚群,分布较广泛,该神经元是低频 gamma 振荡脑电波的细胞基础。

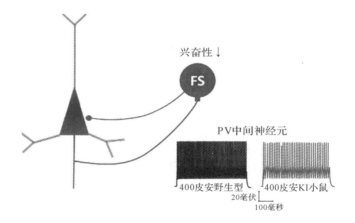

注:PV 中间神经元(快速发放,FS)响应同等去极化电流的动作电位个数减少,即兴奋性下降。

"寻找并确定缺陷来自 PV 神经元,自闭症小鼠的 PV 神经元兴奋性下降,不易放电,课题组花了较长的一段时间。"罗建红说,"这就好比在大脑复杂的集成电路系统中,要寻找到具体是哪一种元件出现了问题,而要确定某种神经元的功能异常往往需要多种精致的电生理实验，很耗时。"

• 实验三：发现 PV 神经元的兴奋性下降导致低频 gamma 震荡波异常

以往的研究表明，脑电振荡是局部神经元放电的宏观形式，与特定脑区执行特定功能进而引发社交行为有着密切关系。正常小鼠在社交过程中，前额叶脑区低频 gamma 振荡脑电波变化明显，能量变高，主神经元放电时间与之明显匹配。显然，这是一种节律脑电引动社交信息编码的机制，我们姑且称之为"社交律动"。

课题组通过记录分析自闭症小鼠社交时前额叶皮层脑电，发现低频 gamma 振荡的幅值明显下降，并与反映清醒时活动的 theta 振荡失去是相偶联关系，主神经元放电时间上与之不能匹配，这些都提示自闭症小鼠前额叶皮层在社交时信息整合和处理的异常。罗建红解释说："这就好像指挥社交的司令部自身工作节奏被打乱，发出社交指令也混乱了。"

"低频 gamma 振荡的产生，往往提示局部 PV 神经元群体性同步化放电。"罗建红表示，"由此课题组得出结论，当 PV 神经元出现异常时，小鼠神经元放电发生紊乱，gamma 频段振荡受损，进而引起小鼠社交行为异常。"

自闭症小鼠研究是揭示人类自闭症的一面镜子

光遗传学技术通常是指结合光学与遗传学手段，精确控制特定神经元活动的技术。科学家们可以通过控制光照的波长、时间、频率等条件，控制细胞上的光敏感通道蛋白的激活与关闭，从而有效激活或抑制神经元活动，或者精确控制神经元以特定频率进行活动。

• 实验四：光遗传学技术验证找到的特定脑区和特定类型神经元

在寻找到 PV 神经元是神经连接素 NL3 基因突变自闭症模型小鼠的疾病基础后，课题组通过光遗传学技术，按照低频 gamma/theta 振荡式样刺激该小鼠在内侧前额叶皮层的 PV 神经元，小鼠的社交行为缺陷就得到有效恢复，好似用"信息密钥"打开了"社交律动"。课题组通过光遗传学技术进一步验证了前额叶皮层和 PV 神经元对小鼠的社交行为的调控。值得一提的是，只有合适频率组合刺激 PV 细胞，才能有效恢复社交功能，这是个独特的发现。

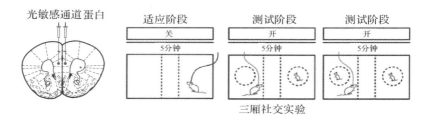

注：在前额叶皮层 PV 神经元中注射表达光敏感通道蛋白的病毒，并埋入光纤，待小鼠恢复后做结合光遗传的三厢社交实验。

罗建红团队表示，结合前述的发现提示，可以通过精准调控特定神经元的活性来治疗自闭症，且由于实验模型鼠已经成年，该手段对于成年的自闭症动物仍可具有治疗效果。罗建红团队认为，如果人类自闭症有相似的机制，则可以通过物理或药物手段提高人的前额叶皮层 PV 神经元功能，以重建前额叶低频振荡，达到改善自闭症患者的社交能力的目的。作为核心症状的社交能力缺陷的改善，可能也会对自闭症儿童的智力和语言发育具有积极意义。

一位匿名评审专家表示，这项研究的新颖性基于这样的论证：存在特定的皮层区域与特定行为相关，并且作者发现该区域中 gamma

振荡改变和 PV 中间神经元异常,从而提供了行为、脑网络改变和与自闭症相关的基因突变之间的联系。

- 为什么课题组从小鼠的自闭症治疗或可推论到人?

这是因为,该研究就是将从自闭症患者体内鉴定出的神经连接素基因突变,通过遗传工程技术复制到模型小鼠中,该小鼠也表现出类似自闭症的行为异常,存在社交障碍。

简单来说,即小鼠遗传缺陷的基础信息来源于自闭症患者。与人类一样,小鼠也有 NL3 基因,其在神经发育中的功能也相似,这是推论的科学基础。

罗建红表示,科学家研究疾病动物模型,就好像是用一面镜子来折射出人类疾病的发病机制,但因为进化上的差异,用模型小鼠得出的有关脑高级功能的结论是否适用于人类,还需要更多的研究加以验证。

该研究主要受国家自然科学基金"情感和记忆的神经环路基础"重大研究计划重点项目、创新团队项目及面上项目的资助。

(文:柯溢能)

人类对菱角的干预可追溯至六七千年前

"渡头烟火起,处处采菱归。"唐代大诗人王维在诗中描述了山居采菱的闲适生活。清代阮元则在一首杂诗中描述了种菱的技巧——"深处种菱浅种稻,不深不浅种荷花"。

款款的诗句展现出中国种菱、采菱的绵长历史。

浙江大学人文学院文物与博物馆学系郭怡副教授课题组的一项研究成果探讨了浙江余姚田螺山遗址出土的菱角形态变化情况。郭怡副教授说,这项研究显示人类对菱的干预,最早可以追溯到六七千年前。

在对史前食谱的研究中,可考菱角的形态已非"原始样貌"

作物是如何被驯化的?动物是怎样被驯化的?人的食物结构是怎样形成的?

翻开史前人类的食谱,我们对自己的先民是不是"吃货"充满了好奇。拿水稻来说,现在吃的水稻和史前时期大不一样,其性状与野生水稻也很不一样。水稻按"适者生存"的进化规律,根据环境做出最有利的选择。而造成今日水稻的形态的,更多的是人的驯化,使之容易脱落、结穗密集、籽实饱满。

曾几何时,菱角也是一种世界性的食用植物,我国先民使用菱的证据可追溯到8000年前。从考古角度看,菱角在长江中下游地区新石器时代考古遗址中广泛出土,是史前食谱的重要组成部分。

野生的菱角是什么样子? 长刺,形小。这样的形状,便于扎根到土壤中去,以更好地繁衍生长。"只有这样,才能不被水冲走,同时也避免暴露于外被动物直接吃掉。"

在预研阶段,郭怡课题组从直观上发现田螺山出土的菱角,其形态上就不像野生的那般。为了得出更加精确的结论,课题组进行了大量的数据比对分析。郭怡和邬如碧等人首先对田螺山遗址出土的400余个距今六七千年的菱角进行测量。

长、宽、角度、上下径,是主要测量指标。

将出土菱角的数据嵌入以现代菱角的数据为基础的坐标系中,从体形的变化来看,田螺山遗址出土的菱角介于野生和驯化的菱角之间。随着时间的演变,即从7000年前至6000年前的时间段里,菱角的大小体形变化体现出继承性。即随着年代的推进,其越来越靠近现代指标。

田螺山遗址出土的菱角已经接近人工种植状态下的样貌。而目前高度驯化的菱角形态,没有复杂的人为管理是不可能产生的。郭怡说:"现有的数据对比虽然没有直接证据表明田螺山先民对菱角的驯化和栽培,但不可否认菱角已受到人为干预。"

"这项研究的方法和结论很简单,但是有着两个非常重要的意义。"

其一,大多数人对菱角没有特别关注,认为它是对水稻农业的一个补充,"水里长了菱角,先民们就将之采来吃而已"。郭怡课题组认

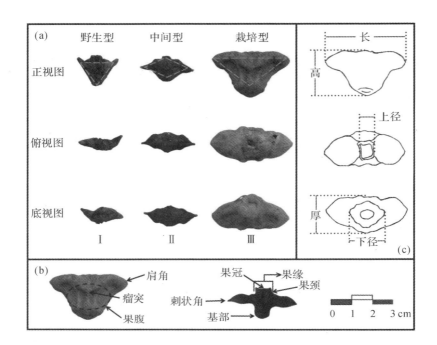

测量方法

为,这突破了过去只关注主要农作物的视野局限。对人类主食的研究应该改变原有的"忽视"其他作物的思维定式,"不能抹杀人类曾将其他作物作为主要食物来源的可能"。

在对中国食谱里的主食的研究中,水稻、小麦、小米这些现在仍发挥着重要作用的粮食作物一直是主要内容,而且研究呈现单一化趋势。"原始社会,从狩猎采集经济向农业经济转型的过程中,原始农业的诞生应该是一个复杂的体系,如果仅仅研究水稻等,显然无法揭示完整的历史。"郭怡认为,或许菱角也曾是其中的一个选择。

我即我食,对吃的研究要有"未来眼光"

这项研究的另一个意义,郭怡认为是"反哺田野考古发掘的过程"。

也就是说,在田野考古发掘过程中,应该尽可能多地采集各类样品。因受到时间、经费、人力各方面的限制,陶瓷器、青铜器等显眼的遗物往往成为发掘和保存过程中的"受青睐者",而像菱角这样的出土品往往保存下来的比较少。

全国有超过 30 处新石器时代遗址出土过菱角,大多是碎片和极少数完整菱角,有统计学意义的不多。

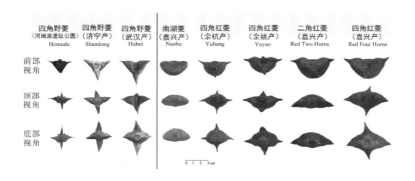

现生的菱角

"你现在觉得不重要的东西,有可能对未来研究者很重要。"郭怡表示,在他们之前,国际上研究古代菱角的文献极少,而在他们的研究之后,一个新的方向似乎已经开启。

田螺山遗址位于浙江省余姚市,是浙江省新近发现和发掘的又一处重要的河姆渡文化遗址,也是迄今为止发现的河姆渡文化遗址中地面环境保存最好、地下遗存相对完整的一处。遗址出土了海量的菱角,课题组选择其中完整的进行研究测量。

他们的这项研究并不是一帆风顺的。从 2014 年开始,一直陆陆续续测量到 2016 年。每次测量,邬如碧都要往返发掘工地取样。

出土的样本有了,现在人工栽培的样本通过去不同地区购买也有了,那么野生菱角的样本从哪里来?

它们来自距田螺山遗址直线距离不到 7 公里的河姆渡遗址博物馆，在那里有一块封闭了几十年的生态园。路上有小龙虾到处爬，小兔子钻来钻去。其中的菱角长成了适应环境的原初野生状态。

那么为什么对菱角、对"吃"的研究情有独钟呢？"是因为我即我食，"郭怡说，"身体中所有的东西都有营养，都与吃的东西有关。我吃的东西组成了我。"

考古不是一项纯文科的研究

郭怡 2000 年入读大学本科，一开始他的专业方向就是田野考古，跟我们想象中的一样，拿着手铲、刷子在出土现场参与发掘。到 2005 年，郭怡入读硕士后，他的研究方向开始变化了。

他转向科技考古，也就是将自然科学的手段与考古研究的手段结合在一起，对出土样品进行研究。

"我主要是对人、动物、植物的遗存进行生物考古研究，来考察以前人的生产生活方式。"

研究方向的转变并不容易，在这之前的很多年里，生物考古在国内鲜有人知。当导师与他商量方向时，郭怡最开始是拒绝的。

"我非常喜欢陶瓷器研究，那缤纷的色彩令人如痴如醉。"郭怡说，"我还到考古现场，物色好了一堆出土陶片，并告诉导师那是我将要探讨的工作。"

这种抗拒，在郭怡自己带学生时也遇到了。

本次工作的共同第一作者邬如碧最开始面对这一关于菱角的研究时也有过动摇，她一直很想开展对博物馆学的研究。但真正深入研究后一发而不可收，如今邬如碧已从浙江大学毕业，到牛津大学深造，研究的方向依旧是植物考古。

硕转博毕业后,郭怡获得了理学博士。这样文理交叉的学业背景,使得他对考古有了更加深刻的思考——我们要采取什么样的方法,更准确地揭示过往的历史。

深化学科交叉!郭怡的答案简短而斩钉截铁。"理工科的很多方法其实是可以运用到考古中来做交叉的,但一听到理工科,文科生的第一反应就是畏难。"郭怡说,"我见到每一届学生,第一件事就是打消他们的这一顾虑。"

"难的不是学科交叉中的方法,而是在研究思路中如何捅破那层窗户纸。"郭怡说。

该研究工作得到国家科技重大专项(2015CB953801)、中央高校基本科研业务费专项资金、国家自然科学基金资助项目(批准号:41102014)、浙江省哲学社会科学规划课题(项目号:16NDJC171YB)、浙江省文物保护科技项目(项目号:2012009,2014005)、浙江省教育厅人文社会科学研究规划项目(Y201225579)和浙江省之江青年社科学者行动计划(G143)等课题的联合资助。

(文:柯溢能)

为消灭亚洲头号水稻害虫增加 32 个潜在靶标

褐飞虱分布于广大亚洲稻区，为单食性害虫，只能在水稻和普通野生稻上取食和繁殖后代。相关数据显示，它是亚洲头号水稻害虫。

浙江大学农学院昆虫科学研究所的一项最新成果首次完整揭示了褐飞虱表皮蛋白质组及功能，并发现 32 种对褐飞虱胚胎、若虫及成虫生长发育不可或缺的表皮蛋白，为以此为靶标的绿色新型农药设计提供了科学基础。

这项研究成果发表在国际权威期刊《美国国家科学院院刊》（PNAS）上，为直接投稿发表，文章的共同第一作者是 2013 级直博生潘鹏路和叶雨轩，张传溪教授为通讯作者。

首次在一种昆虫身上完整、系统地开展表皮蛋白的综合研究

昆虫的表皮对其生长发育和生命活动起着重要的作用，很多触杀型农药的作用机制就是以侵入表皮为原理。表皮蛋白是昆虫表皮的主要组成成分，也是决定昆虫表皮特性最重要的成分。很长一段时间以来，由于表皮蛋白种类多、数量大、时空表达复杂，科研人员对这一

结构的完整性研究存在不少困难,对一种昆虫的表皮蛋白缺乏全面和整体性的研究和理解。

张传溪教授课题组的这项对褐飞虱表皮蛋白质组的研究,首先通过基因序列比对和蛋白水平检测鉴定了 140 个表皮蛋白质。这是一项结合基因组、转录组、蛋白质组、表达谱及功能组的大规模、综合性的研究,首次完整地、系统地报道了一种昆虫的表皮蛋白家族概况,为昆虫表皮蛋白研究提供了丰富资源。

科研人员将这些表皮蛋白分为 8 个蛋白家族,其中一个为新发现的昆虫表皮蛋白家族,扩展了学界对昆虫表皮蛋白家族的认知。

确定表皮蛋白功能,为绿色新型农药的设计提供潜在靶标

随后,课题组对每个表皮蛋白基因进行了基因沉默实验,以探究这些表皮蛋白的功能。

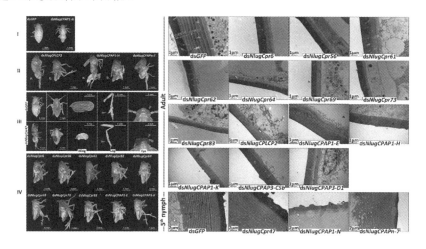

在褐飞虱若虫中沉默表皮蛋白基因后产生的致死表型及超微结构观察

基因沉默实验是通过遏制其中一个基因的表达,来观察其对褐飞虱在胚胎、若虫及成虫生长发育阶段的影响。这个实验的过程相当耗费时间、精力，为了提高准确性并相互验证，研究组还给每个基因设计了 2 个不同的序列区段进行基因沉默，研究人员在实验中经手的褐飞虱多达数万只。

经过大量的实验分析，研究人员发现有 32 种表皮蛋白是褐飞虱不可或缺的。科研人员介绍道："当这些表皮蛋白基因被沉默后，褐飞虱或表现为胚胎发育不良，或表现为产卵量降低，或表现为若虫和成虫大量死亡。这就为新型绿色农药设计和基于 RNAi（RNA 干扰）策略防治稻飞虱提供了明确的潜在靶标。"

结束对个体蛋白的研究后，科研人员将表皮蛋白分为进化关系相近的几组，进行了组合的基因沉默实验，提出了昆虫表皮蛋白存在功能互补的效应，成果进一步回答了一只小小的昆虫为何需要种类如此之多的表皮蛋白这一问题，丰富了学界对昆虫表皮蛋白的认知。

该项研究得到了国家自然科学基金项目（31630057 和 31470765）的支持。

（文：柯溢能）

寻找肿瘤细胞生长的"多米诺骨牌"

恶性肿瘤是威胁人类生命健康的一类重大疾病。根据有关统计，乳腺癌发病率及死亡率均位居女性恶性肿瘤首位。因此，针对乳腺癌分子病理机制的深入研究和潜在靶点的深入挖掘，对于精确诊断与治疗包括乳腺癌等在内的重大疾病尤为重要。

浙江大学生命科学学院林爱福课题组关于乳腺癌肿瘤细胞的相关研究，发表在国际知名学术刊物《分子细胞》(*Molecular Cell*)上，并被选为封面文章予以重点报道。在这项研究中，林爱福课题组首次报道了由长链非编码 RNA(long noncoding RNA，lncRNA)介导的钙离子信号通路在肿瘤微环境重塑方面的重要功能，揭示了肿瘤微环境促进肿瘤发生发展的新机理，同时发现了乳腺癌诊疗潜在的新靶标，为乳腺癌治疗提供了新策略。

浙江大学生命科学学院博士研究生桑凌杰和合作单位中山大学肿瘤防治中心鞠怀强研究员为本文共同第一作者，浙江大学生命科学学院林爱福研究员为通讯作者。

"无用"之用

核糖核酸(RNA)作为遗传信息载体，根据转录后是否会作为信使

RNA（messenger RNA）翻译生成蛋白质，可以分为编码 RNA 与非编码 RNA。在人体中，超过 90% 的 RNA 为非编码 RNA。很长一段时间内，科研人员都认为大多非编码 RNA 只是一种转录"噪声"，不具生物学功能。"无论是从宏观的生物系统'用进废退'进化角度，还是微观细胞个体的能量代谢物质循环角度，长期以来，科学家都无法对这一存在现象进行合理阐释，大家觉得这是一种没有用处的物质。"林爱福谈道，"而现在不断深入的研究发现表明，在很长一段时间里，人们忽视了非编码 RNA 的作用。"

林爱福从 2010 年开始关注研究非编码 RNA 及大于 200 核苷酸的长链非编码 RNA，首次发现并报道核酸除与蛋白质结合作用外，还与磷脂结合并发挥重要机体调控功能，相关研究发表在国际知名学术刊物《自然细胞生物》（*Nature Cell Biology*），对此，《自然综述：分子细胞生物学》杂志进行了亮点点评和报道。近年来，越来越多的国际同行也通过研究发现，长链非编码 RNA 不仅参与了基因组修饰、转录激活、表达调控等过程，而且在细胞生长、发育、代谢等过程中发挥着重要的调控作用。

那么肿瘤细胞又有什么不同寻常的特性呢？

从能量代谢的角度看，肿瘤细胞相比正常细胞处于一种高耗低效的状态。正常细胞通过吸收氧气和葡萄糖等养分，逐步消化分解，以供应能量和物料。但肿瘤细胞则是大量攫取葡萄糖，不经深度利用而只作简单处置，在获得大量能量的同时，对能源物质的利用效率却奇低。同时，肿瘤细胞自身恶性增殖的特性常使体内肿瘤形成一个拥挤的实体瘤，由于新生血管生成滞后，大量肿瘤细胞长期处于一个相对缺氧的微环境中。

众所周知，正常组织细胞需要一个充足的有氧环境才能良好生长,为什么肿瘤细胞可以反其道而行之,在低氧微环境中恶性增殖呢?

林爱福课题组以乳腺癌肿瘤细胞为对象,通过对多个候选基因靶向敲低肿瘤细胞的生长增殖与葡萄糖摄取能力的高通量筛查,首次阐明了由长链非编码 RNA CamK-A 介导的 CamK-A-CaMK-NF-κB 信号通路,介导了肿瘤应答微环境缺氧刺激,重塑肿瘤微环境,并进一步支持肿瘤恶性生长的过程。

"煽风"又"点火",肿瘤生长的"多米诺骨牌"

长链非编码 RNA 介导的 CamK-A-CaMK-NF-κB 信号通路是如何让乳腺癌肿瘤细胞生长的呢?

一个常识可以有助于理解:当陆路无法满足交通运输需求时,人们会开凿运河通过水路完成运输。在厌氧逆境下,乳腺癌肿瘤细胞自身被激活出一条通路,如同开通了"运河",可以源源不断地进行能量补充及信息传递。林爱福课题组认为,长链非编码 RNA CamK-A 介导的 CamK-A-CaMK-NF-κB 信号通路的作用就像是一条肿瘤的"运河"。

这条"运河"不仅促进肿瘤自身生长代谢,更进一步作用于肿瘤细胞周边微环境,为肿瘤生长提供营养能量并传递信息。肿瘤细胞与微环境的关系如同"种子与土壤",肿瘤微环境支撑着肿瘤细胞快速大量增殖和转移这一特性。

介绍到这里,乳腺癌肿瘤细胞响应微环境刺激而重塑微环境的第一块"多米诺骨牌"诞生了——长期的缺氧压力。实体瘤拥挤的内环境导致肿瘤细胞内钙库受迫释放钙离子,从而使细胞质基质中的钙离子浓度异常上升,进而诱发了长链非编码 RNA CamK-A 介导的钙调蛋白激酶 PNCK 高度活化。

长链非编码 RNA CamK-A 在完成"煽风"——活化钙调蛋白激酶 PNCK 的工作后,开始"点火"。在长链非编码 RNA CamK-A 的协助下,钙调蛋白激酶 PNCK 募集下游信号分子 IκBα,并介导了 IκBα 32 位丝氨酸的磷酸化,激活了 NF-κB 信号通路,大量转录表达 GLUT3、VEGF、IL-6、IL-8 等下游因子,从而帮助肿瘤细胞超量攫取胞外葡萄糖、诱导血管异常增生供给养料、募集免疫细胞塑造肿瘤特异的免疫微环境等,最终实现肿瘤对自身微环境的重塑,促进肿瘤进一步恶性增殖。"正是在长链非编码 RNA CamK-A 的作用下,第一块'多米诺骨牌'的倒下引发了钙离子'风暴'的呼啸而来,一发而不可收。"第一作者博士研究生桑凌杰说道。

对于该研究成果,该论文的一位匿名评审专家表示,整个实验工作的质量十分全面而突出,研究发现或将使肿瘤病患受益,而且 lncRNA 通过改变重要激酶的构象来激活它,这一研究发现十分具有创新性和冲击力。

确定潜在靶标

正是基于这样的长链非编码 RNA CamK-A 介导的"多米诺骨牌效应",该课题组提出通过阻断乳腺癌肿瘤微环境的塑造能力来破除乳腺癌栖境,从而抑制肿瘤生长的乳腺癌肿瘤治疗方案。

林爱福课题组在精确解析了 CamK-A-CaMK-NF-κB 信号通路后,开发了以 CamK-A 为靶点的乳腺癌肿瘤治疗策略,经由皮下成瘤实验、异种瘤移植模型等动物实验验证了该治疗靶点的有效性与精确性,并通过对大量乳腺癌患者病例样本的数据分析,发现 CamK-A 的表达水平与肿瘤细胞增殖水平显著相关,与患者的预后效果呈显著负相关,是一个良好的潜在诊治靶点。

值得一提的是,本次课题组采用的人源肿瘤异种移植(Patient-derived xenograft,PDX)模型,是将临床患者的肿瘤组织以组织的形式移植至重症免疫缺陷型小鼠(NSG 小鼠)体内,从而很好地保持了肿瘤组织的原生异质性,其生物学特性保持得更加完整,与临床相似度极高,是现阶段最优秀的肿瘤动物模型。

这个实验结果显示了以 CamK-A 为靶向的肿瘤治疗方案疗效显著,且对传统难以处理的三阴性乳腺癌也具有很好的疗效;由于可以阻断肿瘤赖以生存的微环境,预后情况也更好,显示出这一分子靶点具有极大的临床转化应用潜在价值。"后续我们希望通过对一系列节点分子的重要生物学功能机制展开深入研究,在此基础上,力争将包括非编码 RNA 在内的肿瘤标志物和分子靶点与传统肿瘤治疗相结合,为精准医疗提供现实依托,造福肿瘤病患。"林爱福说。

该项目得到国家自然科学基金、教育部自主创业项目、浙江大学"百人计划"、浙江省杰出青年基金等项目的资助。

（文：柯溢能）

"双十一"会冲动消费，因为大脑只要 1/5 秒就能做出决定

"双十一"期间，各大商家不断创新营销方法，引导消费者进行购买。可是有太多产品仍然无法真正吸引消费者，关键就在于，这些商家不会运用一门能助他们实现产品优化和精准营销的技术——神经营销学。

浙江大学拥有国内首个从事神经管理学和神经经济学研究的专业实验室——浙江大学管理学院神经管理实验室，神经营销学是该实验室的主要研究领域之一。实验室副主任，同时也是浙江大学管理学院市场营销学系副主任的王小毅说：就营销来说，最为关键的是洞察消费者。

"人的大脑比天空还要辽阔，"王小毅说，"我们对自己的了解太少。人每天做的很多事情背后都有很精密的'仪器'在运转，这个仪器就是大脑。"

认知神经科学按各种认知功能定位，把大脑划分成不同的功能区。在大脑中，既有关于正面情绪的"快乐中枢"，也有比较理性克制的关于负面情绪的中枢。通过扫描正在进行特定购买决策的消费者

的大脑后发现，做出购买决策的人往往正面情绪脑区与记忆脑区相对活跃。王小毅认为：大脑不同功能区之间是有平衡机制的，消费者的购买决策取决于正面情绪的快乐中枢和负面情绪的中枢之间的博弈和角力。

研究发现，人的大脑在 1/5 秒内就能对是否购买做出初步判断。王小毅和他的团队曾做过一项试验，把淘宝上销售的大量饰品的图片给受试者看，同时测量他的脑电波。在此过程中，不需要让受试者去分辨哪些饰品好看，而是只需挑出夹在里面的风景图片。这样，受试者就不会有意识地去分辨图中的饰品。试验发现，受试者在看到饰品图片后 200 毫秒内基本就能准确区分出卖得好的和卖得差的两类饰品。实际上，人在这么短的时间内只能看到图片的基本内容信息，还来不及在大脑中把它构建出来。这就证明，一件商品放在淘宝上，人们在看到后 200 毫秒内就已经确定会不会买，且这个过程是能在人们产生购买行为之前精准预测的。这在神经认知学上代表的是人类对早期信息的一种预警。

人做出行为往往会考虑成本，购物时支付行为本身就是风险判断。王小毅说：人下意识会以为掏钱的行为是有风险的，所以这时人会变得理性，掌管保护和防御机制的负性中枢变得活跃。"双十一"打折实际上是通过营销手段让消费者产生愉悦感的同时降低支付行为的痛苦。首先是线上付款的方式弱化了人的损失感，其次是打折本身向消费者传递了一个信号——买得越多赚得越多。"双十一"把消费者的负面情感转化成收益，让整个消费过程变得愉悦。

王小毅认为，未来市场的趋势是品牌小众化，商家会更多考虑消费者在使用产品或享受服务时的个人情感体验，广告效用越来越弱。这要求品牌进一步细分用户市场，寻找对应的用户群体，并与消费者建立长期的情感联系。

在现实中,品牌延伸要充分考虑和冲突控制的关系。冲突控制程度低,品牌延伸便比较容易成功;冲突控制程度高,品牌成功的可能性便比较小。

之前发表在《神经元》(Neuron)上的一篇关于营销的论文被认为是神经营销学产生的标志。王小毅说:"神经营销学本质上是希望更多地利用人的本性特点来优化产品,从而提升用户体验,让消费者在消费过程中产生愉快的感受。"

(文:孙嘉蔓　刘苏蒙　王　湛)

你知道"向前看"到底是向哪儿看吗？

"立正,向右看齐,向前看!"

列队时的这句口令,大家再熟悉不过了。可是,你真的明白什么是向前看吗？如果请你把身体向右侧偏转一些,再做"向前看"这个动作,你是准备把身体"回正"之后看向之前的正前方,还是就这样保持偏转的姿势看向自己身体的正前方？

这样一个瞬间的反应,其实涉及大脑空间编码的问题。运动都是相对的,我们的大脑在运作时是以身体为坐标还是以头部为坐标或是以环境为坐标就很关键了。

浙江大学求是高等研究院系统神经与认知科学研究所的陈晓冬教授课题组在《美国国家科学院院刊》(*PNAS*)上在线发表了一篇关于研究后顶叶皮层的前庭信号编码机制的文章,就揭示了大脑空间编码的新机制。

前庭系统的编码秘密

在目前已有的研究中,科学家已经发现,在对感觉信号的输入编码过程中,后顶叶皮层(posterior parietal cortex,PPC)起着非常重要的作用,它可以接受多个感觉系统的输入信号,特别是顶内沟腹侧区域(ventral intraparietal area,VIP),能同时接收 4 个系统的信号输入(视觉、前庭感觉、听觉和躯体感觉)。这些感觉信号在 PPC 被整合起来,共同编码一个抽象的自我空间。

陈晓冬教授课题组关注的重点是前庭信号在 VIP 脑区的编码机制。

前庭信号来自前庭系统,那前庭系统是什么?

前庭系统是感觉系统之一,它对我们的运动感知、运动控制及认知功能都有着不可替代的基础性作用。当我们坐在行进的汽车里,即使闭上眼睛,不看窗外,也能感受到车子的加速、刹车或者转弯。这就是我们的前庭系统在发挥作用。跟视觉、听觉、嗅觉、味觉等感觉系统相比,前庭系统比较"隐性",科学界对它的研究也较少。直到现在,很多平时我们习以为常的简单动作到底是如何完成的,大脑是如何运作的,我们还知之甚少。

在 2013 年发表在《神经元》(Neuron)上的研究中,陈晓冬课题组发现,当头部和身体的方向一致的时候,前庭信号在 VIP 脑区的编码坐标系是以身体为中心的。那如果头部和身体的方向不一致,会出现什么样的情况呢?

"目前为止,没有其他研究对这一问题做出回答。"陈晓冬说。因此,课题组希望通过实验设计分离以身体为中心和以环境为中心两种参照系,进一步探讨前庭信号在 VIP 脑区的编码特性。

如图所示,只要身体坐标系(body-centered)和环境坐标系(world-centered)没有发生偏离,神经元的反应曲线(tuning)就不会发生相对位移[下图 A、B,位移指数(displacement index,DI)很小],其与眼睛(eye)和头(head)的相对位置没有关系;但是,如果身体坐标系和环境

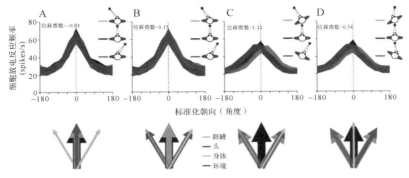

A　身体和头朝向正前方,仅眼睛向左或向右30度方向注视
B　身体朝向正前方,头、眼睛同时转向左或者右30度方向
C　眼睛、头、身体一致转向左或者右30度方向
D　头、身体转向左或者右30度方向,而眼睛始终注视正前方

VIP 脑区对前庭信号的编码特性

坐标系发生了相对位移,神经元的反应曲线就会发生相同幅度的位移(上图 C,DI 值接近于 1)。所以,VIP 神经元对前庭信号的编码主要是以身体为参考坐标系(body-centered)的,但是这种编码可能会受到选择性注意或者高级皮层的调控而发生动态改变(上图 D)。虽然身体坐标系和环境坐标系发生了偏离,但是被试仍然注视着以环境为坐标的方向,导致被试认为的前进方向和身体的实际方向不一致,这反映在神经元反应上,就是反应曲线的位移幅度变小。

在第一组实验中,课题组把一只猴子放在一个特制平台上,让猴子头部朝前,眼睛平视身体的前方,向它发送 10 个方向的前庭刺激,并采用电生理记录方法,记录猴子大脑的 VIP 神经元反应,生成一条反应曲线。然后将特制平台分别向左、向右旋转 30 度,猴子保持原有姿势,眼睛平视身体的正前方,重复上述实验。

在第二组实验中,其他环节保持不变,但在平台分别向左、向右旋转的时候,猴子不是平视身体的正前方,而是"斜视",仍然看着之前的那个方向,重复实验。

在分析第一组实验的三条曲线和第二组实验的三条曲线时，课题组发现了其中的奥妙。"第一组实验曲线的最佳运动方位发生了变化，而且这个变化幅度跟旋转的度数是完全吻合的。但是，第二组实验中的变化幅度较第一组减小了一半。"陈晓冬说。

这项研究在科学层面上，首次证实了VIP脑区对前庭信号的编码具有动态性和灵活性的特点，并可根据任务要求进行调整。

回到之前说的"向前看"这个问题。陈晓冬解释说：这是一个相对的概念，取决于大脑内的神经元是以哪一个坐标系为参考来编码这些收到的视觉和前庭感觉的方向信息的，又是如何把这些信息整合起来，形成我们的方向概念的。

论文评审专家认为，该论文少见地给出了非常清晰的结论：在VIP脑区存在以身体为参考坐标系来编码我们的运动神经元，而且这种编码可能受到选择性注意的调控。在此之前，我们对大脑内的身体坐标系还没有一个统一清楚的认识，本论文的结论为后续研究提供了坚实的基础，对于研究人和环境之间交互的神经机制提供了新的线索。

在应用层面上，该成果未来有望被用于人工智能、脑机接口、相关脑部神经疾病的诊疗等领域，为相关的工业和医学发展提供理论上的依据。

该课题由陈晓冬教授和来自罗切斯特大学的格雷戈里·C.迪安吉利斯（Gregory C. DeAngelis）、贝勒医学院的多拉·E.安杰拉克（Dora E. Angelaki）共同完成。

本研究得到国家自然科学基金和中央高校基本科研业务费专项资金的支持。

（文：吴雅兰）

第二章

启　新

模拟光合作用，染料敏化太阳能电池的能量转化效率达 10%

随着能源矛盾的日益显现，寻找清洁、可持续的能源成为世界性课题。中国作为全球最大的太阳能电池生产国和需求国，正在发挥越来越重要的作用。

染料敏化太阳能电池属于下一代光伏技术，其色彩绚丽的透明电板在产业化方面已崭露头角。去除电解质中的挥发性组分并保证能量转化的高效率和耐久性是户外器件长期应用的先决条件。

浙江大学化学系王鹏教授课题组与苏黎世联邦理工学院迈克尔·格雷泽尔（Michael Grätzel）教授课题组合作，在光热稳定的染料敏化太阳能电池研究方面取得了重要进展。中外科学家基于理论计算和他们前期开发的模型染料 C218，将氰基丙烯酸电子受体用三元苯并噻二唑—乙炔—苯甲酸替代，合成出具有更宽光谱响应的窄能隙有机染料 C268，与宽能隙的染料 SC4 在二氧化钛表面共接枝，首次研制出耐久性强且能量转换效率达 10% 的无挥发染料敏化太阳能电池。

这一成果以封面论文的形式发表于细胞出版社新创立的能源领域旗舰期刊《焦耳》（*Joule*）上，并已经投入生产使用。

模拟光合作用

自然界中植物的光合作用是地球上最为有效的固定太阳光能的过程，染料敏化太阳能电池就是通过模拟光合作用的原理研制出来的一种新型太阳能电池。其由低成本的纳米多孔半导体薄膜、染料敏化剂、氧化还原电解质、对电极和导电衬底几个关键元件组成（见下图）。

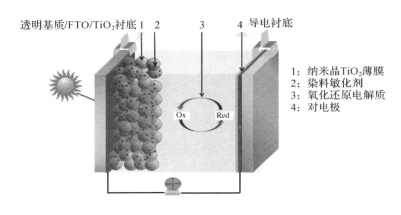

透明基质/FTO/TiO_2衬底 1 2　　　3　　　4 导电衬底

1：纳米晶TiO_2薄膜
2：染料敏化剂
3：氧化还原电解质
4：对电极

染料敏化太阳能电池结构

如果了解树叶的结构，你会更好地理解染料敏化太阳能电池。从结构上来看，染料敏化太阳能电池就像人工制作的树叶，只是植物中的叶绿素被染料敏化剂所代替，而纳米多孔半导体薄膜结构则取代了树叶中的类囊体膜。

无挥发性

目前高效的染料敏化太阳能电池的电解液都采用乙腈作为溶剂，这种溶剂沸点仅有 81.6℃，就像香水一样，极易挥发，严重影响太阳能电池的使用寿命。

王鹏等人使用室温熔盐作为电解质，这是在室温下完全由离子组成的液体导电材料。这种熔盐没有蒸气压,且遇火不会燃烧。通过大量的理论计算和实验筛选,最终他们找到了黏度低、导电效率高的盐作为电池的电解液,解决了挥发性溶剂带来的不稳定因素。

不易脱附

染料吸附在纳米半导体材料(通常为二氧化钛)的表面,就好比墙上的油漆,容易脱附。

王鹏课题组通过修饰染料的化学结构来降低染料极性,使得染料在电解液中的溶解度大大降低,让染料像贝壳一样牢固附着在二氧化钛半导体这块"岩石"上。这样的设计,可使太阳能电池在室外"工作"达 10～20 年。

高效转化

之前同类的太阳能电池能量转化效率低的原因是吸收转化的太阳能有限。王鹏等人基于他们前期开发的模型染料 C218,将氰基丙烯酸电子受体用三元苯并噻二唑—乙炔—苯甲酸替代,合成出具有更宽光谱响应的窄能隙有机染料 C268。通过超快发光动力学测量发现,基于 C268 染料的器件具有更大短路光电流的原因在于该染料的长激发态寿命。在此基础上,课题组将窄能隙的 C268 染料与宽能隙的染料 SC4 在二氧化钛表面共接枝,获得致密且牢固的混合自组装单分子层,首次研发出能量转换效率达 10% 的无挥发染料敏化太阳能电池。该器件在 85℃ 的环境中老化 1000 小时后,能量转换效率的保有率仍在 90% 以上,展现出良好的应用前景。

染料敏化太阳能电池具有诸多优势:它可作为玻璃幕墙、屋顶或窗户等,实现光伏建筑一体化,在低成本的前提下实现建筑能源的自给;无化学污染,整体性好;还可做成多种颜色,兼具美观;其弱光效应好,每天"工作时间"可超过 8 小时,远高于硅晶体太阳能电池每天约 4 小时的工作时间,补足了其发光效率相对略低的不足。这种新型太阳能电池已经进入产业化阶段。在奥地利的第二大城市格拉茨,当地科学城的地标性建筑的屋顶就装设了 1000 平方米的半透明太阳能电池板;瑞士科技会展中心位于洛桑联邦理工学院校园北部,在彩色的染料敏化太阳能电池的装点下,建筑物既富科技感又不失华丽。"未来新型的染料敏化太阳能电池将拥有更大的市场,比如欧盟就提出到 2025 年,新建建筑物能耗自供应能力占到 25%。"王鹏说。

这项研究得到了国家重大科学研究计划、国家自然科学基金等项目的资助。

（文:柯溢能）

让薄膜上"长"出图灵结构

斑马的黑白条纹、海螺的旋转螺纹、植物茎叶的回旋卷曲……大自然中这些规则重复的图案是怎么形成的,一直是个令人好奇的问题。早在 60 多年前,英国科学家图灵就预测:某些重复的自然斑图可能是由两种特定物质(分子、细胞等)相互反应或作用产生的。通过一个被他称为"反应—扩散"的过程,这两种组分会自发地组织成斑纹、条纹、环纹、螺旋或是斑驳的斑点等结构。后来的科学家证实了这个猜想,并将这类结构称为"图灵结构"。

长期从事膜科学研究的浙江大学化学工程与生物工程学院张林教授团队把图灵结构与膜研究结合起来,第一次在薄膜上制造出纳米尺度的图灵结构。这项首次面向应用领域构建图灵结构的研究成果,于北京时间 2018 年 5 月 4 日发表在国际顶级期刊《科学》(Science)上。

浙江大学化学工程与生物工程学院 2014 级博士生谭喆为本文的第一作者,张林教授为本文的通讯作者。化学工程与生物工程学院陈圣福教授、化学工程与生物工程学院兼职教授高从堦院士和浙江大学材料科学与工程学院彭新生教授合作参与了课题研究。

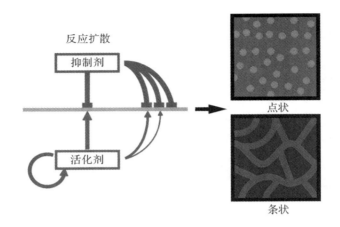

图灵结构产生示意图

注:左边是指在反应—扩散过程中两个反应物——活化剂和抑制剂的相互作用;右边是该过程中产生的两种典型图灵结构。

减慢反应物的扩散 "步伐"

界面聚合法制备超薄分离膜技术从 20 世纪 80 年代问世至今,已经相当成熟。同是界面聚合法制备的纳滤膜和反渗透膜虽然制备工艺和反应机理完全一致,但两者的表面结构差异很大:纳滤膜表面光滑,而反渗透膜表面呈峰谷结构,较为粗糙。

为什么会有如此明显的差别? 没有明确的定论,也未有人深究这个问题。

张林团队决定对这个被"忽视"的问题进行深入研究。在深究差异原因时,他们发现界面聚合过程属于典型的"反应—扩散"体系。这个令人兴奋的发现,让他们很快联想到了图灵结构的形成条件。"我们在分析差异原因的过程中就在想,有没有可能把纳滤膜做成图灵结构?"

图灵结构是指在开放的远离平衡的反应—扩散系统中,因扩散作用引发系统失稳而形成的一种化学物质浓度按照空间周期性变化的静态浓度图案,也被称为"图灵斑图"。

图灵结构产生的必要条件,就是两个反应物的扩散系数之差要达到一个数量级。研究团队想要寻找一种方法改变反应物的扩散系数之差,使其能满足这个条件。"现在两个反应物的扩散一快一慢,但尚未达到产生图灵结构的要求,这就要让扩散系数小的变得更小,拉大两者的差距。"

经过仔细分析和讨论,研究团队提出在扩散系数小的反应物水溶液中加入阻碍反应物扩散的亲水大分子,这项工作就好比是拉住其中扩散慢的反应物的"大腿",让它跑得更慢一点。在大量的实验中,科研人员尝试添加各种亲水大分子,使溶于水的反应物向油中扩散的速率降下来,并在水与油的接触面上与油中的反应物发生反应,形成具有周期性变化的图灵结构的新型纳滤膜。

在长时间的不断试验后,科研人员发现聚乙烯醇作为抑制反应物扩散的亲水大分子的效果最好。

"长"出图灵结构

有了聚乙烯醇对反应物扩散的"阻碍"作用,原本平整光滑的膜表面真的"长"出了图灵结构。这些只有 20～30 纳米致密的、具有周期性规律的图灵结构,有的呈管状,有的呈泡状,在膜表面为膜提供了可以让更多水透过的位点,进而增强了膜的透水性能。

如果通过电子显微镜观察,这些图灵结构仿佛是一个个半圆形的帐篷密密麻麻地覆在膜的表面。这些"撑开"的鼓鼓囊囊的"帐篷型结构"中间有很多空隙,减少了水透过的阻力,使得膜的分离性能比用传统制备方法制备的膜提高了 3 至 4 倍。也就是说,透过膜的

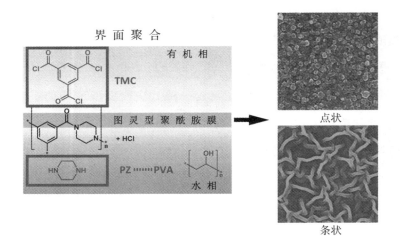

图灵结构聚酰胺膜生成的示意图

注：左边是在水相反应物体系中加入聚乙烯醇，降低反应物扩散系数的界面聚
合反应过程；右边是不同聚乙烯醇添加量生成的具有点状和条状图灵结构的聚
酰胺膜扫描电镜图。

水比原先要多出 3 至 4 倍，这大大降低了膜过程的产水成本，提高了
分离效率。

"科学理论很简单，就是水能透过去的'通道'越多越好。"陈圣福
教授说。

张林教授介绍，纳滤是当前最先进的水处理技术之一，且能降低
处理成本，它将在工业水回用、饮用水安全保障、雨水资源化利用及西
部苦咸水处理等领域发挥积极作用。

证图灵，不失灵

在实验上成功研制出具有图灵结构的新型膜后，还要从理论上加
以论证。判断图灵结构的标准是图案或结构呈现周期性变化，并且反
应过程中两个反应物的扩散之差达到一个数量级。图案的周期性变

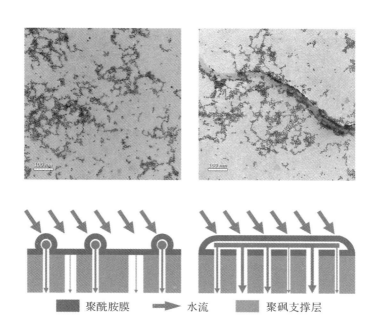

注：上图是用金纳米颗粒验证图灵结构聚酰胺膜上水渗透位点空间分布的透射电镜图；下图是水传递通过图灵结构聚酰胺膜的示意图。

化，科研团队可以通过观察和方程求解得到理论验证，但测量扩散之差一度成为整个验证过程中的难点。

纳滤膜的界面聚合制备往往只需要不到 1 分钟的时间就完成了，而加入亲水大分子后，对扩散速率变化的传统测试方法几乎失灵。最终科研人员通过核磁共振进行表征，测定了加入亲水大分子后两个反应物扩散的速率之差，验证了实验确实成功制备出一种具有图灵结构的新型分离膜。

对于这项研究，三位论文评审专家都给出了很高的评价。其中一位评审专家认为，这是一种非常有趣的新型脱盐薄膜，"据我所知，这是首次尝试在薄膜上制造纳米尺度图灵结构的报道"。

本研究特别感谢浙江大学电子显微镜中心（生命科学分部）、化学工程联合国家重点实验室测试平台和化学系分析测试平台提供的技术支持，以及物理学系赵学安教授对反应—扩散方程的讨论。本研究得到了国家自然科学基金和国家基础研究计划的支持。

（文：柯溢能　吴雅兰）

让又脆又硬的无机材料变得"弹弹弹"

在"80后""90后"的童年记忆中,有一个著名的历史故事——司马光砸缸。当陶土做的水缸被石块砸中,就破了一个洞,水流出来了,掉在缸里的孩子也得救了。

对于女孩子来说,跳皮筋是洋溢着欢快笑声的集体游戏,在牛皮筋的一勾一拉中,"旋转,跳跃,不停歇"。

这两个童年记忆,其实包含着一个自然界的普遍规律,玻璃、陶瓷这样的无机材料通常都是又脆又硬的,没有什么弹性;橡胶这类有机材料韧性好,弹性足,可以反复拉伸。

而如何让无机材料变得像有机材料那样可以回弹,是世界上很多科学家的努力目标。

这其中就有浙江大学高分子科学与工程学系的高超教授团队。他们的研究取得了突破性进展,他们设计制备出了高度可拉伸的全碳气凝胶弹性体,其表现出优异的性能,有望今后应用在柔性器件、智能机器人及航空航天等多个领域。

本研究成果发表在国际著名期刊《自然·通讯》(*Nature Communications*)上,共同第一作者为博士生郭凡、姜炎秋,通讯作者为许震特聘研究员、高超教授。

打破物质的本性

材料科学的发展一直与人类文明密切相关。现如今,我们已经拥有了各种各样的材料。可是让科学家烦恼的是,无机材料耐高低温却没有弹性,有机材料有弹性却又不耐高低温。

如果能研究出一种无机材料,在耐高低温的同时具备一定的弹性,该多好啊。"这样就能扩大材料的使用范围。我们做科学研究就是要打破物质的本性,这样才能发现新性能,寻找新用途。"

研究团队在研制这一新材料时,聚焦的无机物材料为碳。因为碳所特有的导电性能,为未来应用提供了更多可能性。他们发现,高分子弹性体,比如橡胶,分子是链状结构,就像柔软的棉线团,有很多缠结的地方可以被拉开,当去除了外力,这些高分子的"棉线"又重新缠结变成线团。无机物之所以不能拉长再回弹,就是因为没有相似的结构。

高超团队搬出了他们的研究"老伙伴"——石墨烯。他们希望能在"一片片"的石墨烯中制造出一些褶皱,将高分子的可拉伸"线团结构"拓展为石墨烯中可拉伸的"纸团结构",来提高石墨烯的延展性。

团队借鉴生物学理念,从肌肉和关节的拉伸中寻找答案,设计出类似传统拉缩式灯笼的结构,并用3D技术打印出来,通过限位压缩定型,形成一些"褶皱"。这时的石墨烯材料可以拉伸100%。

继续拉伸,石墨烯的"一片片"分子结构之间就会出现裂纹。怎么办?团队引入了另外一种纳米材料——碳纳米管,在石墨烯的片层之间打上"补丁",这样一来,石墨烯就可以拉伸200%了。

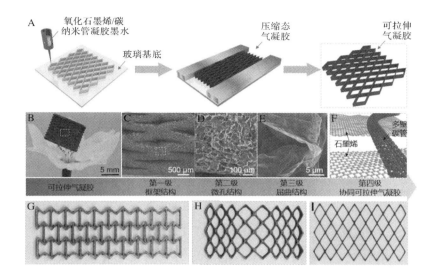

A 氧化石墨烯/碳纳米管凝胶墨水　压缩态气凝胶　可拉伸气凝胶
玻璃基底

B 可拉伸气凝胶　5 mm
C 第一级框架结构　500 μm
D 第二级微孔结构　100 μm
E 第三级屈曲结构　5 μm
F 第四级协同可拉伸气凝胶　多壁碳管　石墨烯

G　H　I

　　高超说，这种全碳气凝胶弹性体具有优异的抗疲劳性能，在拉伸200％的状态下，可稳定循环至少 100 圈；在 100Hz、1％应变的状态下，可稳定循环百万次。"之前一些研究是在有机材料上涂一层无机材料，以此来实现拉伸。我们这套方法改变了材料本身的特性。"

　　对于这一新型材料的发展前景，高超教授表示，它可以应用到与仿真机器人相关的导电弹性体上，比如电子皮肤等。"更大的意义，我们希望开拓一个新的研究领域。当大家都在研究气凝胶的压缩性能时，我们希望换一种思路，从拉伸这个方向开展研究。"

从一只雁到一群雁

　　高超团队与石墨烯的情缘已有十年之久。

　　"石墨烯本身是一个'很小'的材料。国际科研领域已经对它的纳米级结构分析得非常透彻了，我们想看看，把它组装起来变'大'后会怎么样。"2008 年，高超被引进加入浙江大学高分子系后，为自己定了一个清晰的全新的研究方向——石墨烯宏观组装。

他用一首儿歌来解释这项研究。"秋天到了，一行大雁往南飞，一会儿排成'一'字形，一会儿排成'人'字形。"一群大雁在飞行时，我们一眼就能看出雁群的形状，反倒是一只大雁在空中飞的时候，我们很难看清楚它的结构。

通过群效应，团队发现了氧化石墨烯的液晶现象。在一次实验中，团队成员把氧化石墨烯倒进一个杯子，偶然对着光一晃，发现杯中出现了彩色带。团队顺藤摸瓜，发现氧化石墨烯在溶液中的浓度达到某个临界值时，会自发进行取向排列，不但可以流动，还高度有序。

在另一次实验中，团队成员把两条氧化石墨烯纤维放在一起，过了一会儿，这两条纤维居然"焊"在一起了。原来氧化石墨烯有一种"自融合"的本领。

从这两大发现出发，团队"倒腾"出了"四大发明"：石墨烯纤维、石墨烯组装膜、石墨烯泡沫、石墨烯无纺布，科研成果发表在《自然·通讯》和《先进材料》(Advanced Materials)等国际著名期刊上。

高超说，"一流"是要不断奋斗出来的，"不是说做好一个工作就行，而是要不断推进"。在团队建设中，高超也非常强调"一流"，认为要有一流的文化、一流的平台、一流的待遇，最终产出一流的成果。他经常跟学生说："科研首先要发奋，拼搏了才能有所发现、有所发明。还要努力让科研成果转化为对社会有用的产品，让科技发达起来，让国家发达起来。"

从最初的几个人，到现在的几十人，高超团队也从"一只大雁"发展到了"一群大雁"。对于过去没钱买研究设备的窘况，高超记忆犹新；对于未来，高超说，他会坚持在首创、极致和影响力三个层面上继续努力。

科学也可以诗情画意

对于石墨烯宏观组装研究，高超 2018 年 1 月还专门写了一首诗来解释其中的奥妙：

氧化石墨烯

插层氧化银成金，

水洗超声片片新。

纵是千疮身百孔，

组装修复变烯神。

高超说，这首诗的大意就是，氧化石墨烯通过插层、氧化、水洗、超声等过程制得，尽管缺陷很多，但可以通过组装及结构修复形成有重要应用价值的石墨烯宏观材料。在他的心目中，氧化石墨烯的可塑性太强了，可以在很多领域派上用场。早些年，他还写过另外一首诗来赞美石墨烯：

烯望

石陶铜铁竞风流，

信息时代硅独秀。

量子纪元孰占优，

一片石墨立潮头。

科研工作很忙，这些作品都是高超利用坐火车、乘飞机这样的琐碎时间完成的。写诗和骈文是高超重要的业余爱好。他认为科学家也可以写风花雪月的诗句，如果用诗的语言表达科学，更有利于传播科学，也更能发挥科学家的特长。

"科技创新、科学普及是实现创新发展的两翼，要把科学普及放在与科技创新同等重要的位置。我觉得，研究不能只是成为枯燥的论文,还要让公众能够看懂。"

高超还认为,科学家要多交小朋友,从而提升科学的吸引力,提高公众对科学的鉴赏力。

（文：吴雅兰　柯溢能）

变废气为高附加值的高分子材料

工业革命之后，人类的生产生活进入极大依赖石化资源的时代，相伴而来的是大量废气的排放。氧硫化碳就是在燃煤、炼油和化工过程中产生的一种废气，它会严重腐蚀设备，散逸到高空中又会产生二氧化硫导致酸雨，还会被光氧化破坏臭氧层，因而是严禁排放的环境污染物。

浙江大学高分子系张兴宏教授课题组将常见的有机小分子硫脲和有机碱在氢键作用下结合起来，首次实现了室温下催化氧硫化碳与环氧化合物的"活性"阴离子交替共聚，制备了一种无色透明且无金属残留的含硫高分子材料。这项研究成果发表在《自然·通讯》上。在化学工作者眼中，回收和利用氧硫化碳对于我们这一煤炭和石油消费大国有着极大的社会和经济意义。

这项研究的第一作者是浙江大学高分子系硕士生张成建，张兴宏教授为通讯作者。

共聚的游戏

在合成高分子的世界中，有的单体可以自己聚合，有的单体可以与别的单体共聚合。前者就好比从一群白兔子中抓兔子，让它们整整齐齐地排列起来就好；而后者就像从一群白兔子和黑兔子中抓兔子并按照一定的顺序排列起来，因而可以排列出很多种样式。在解决活蹦乱跳这一同性问题时，还要解决不同个体的个性问题，过程的关键在于抓兔子的人。而在高分子合成化学里，这个"抓兔子的人"就是催化剂。

由此可见，设计共聚合的催化剂在高分子反应设计中是一项很大的挑战。

氧硫化碳是较为稳定的分子，很难自己聚合，用高能量的环氧化合物和氧硫化碳共聚是可行的方式。可是，如果这两种物质只是纯粹地混在一起，可能很多年都不会有任何"交流"，因此需要设计一种能激发它们"来电""牵手"的催化体系。

张兴宏团队提出了"两人同时抓两种兔子"的方法，即让一种常见的分子硫脲来抓取环氧化合物，而用另一种常见的分子有机碱来抓取氧硫化碳，然后一个接一个将其交替排列，从而聚合起来。这一过程中重要的是，两个"人"要默契地配合，才能抓住不同的兔子，让它们老老实实地排队。

这是一个什么样的聚合反应呢？

硫脲和有机碱就如同两个配合默契的人，通过它们之间的氢键作用这一"默契的关系"，让环氧化合物和氧硫化碳乖乖"就范"，交替排列成长链。用不同的环氧化合物时，产生的含硫高分子具有不同的特性。它们看上去有时是同亚克力一样透明的光学树脂，有时又是蜡白色的坚硬塑料，因而有广泛的用途。

碳酸酐锌酶的启示

张兴宏团队的这项研究始于十年前。他们的研究目标很清晰，即寻找最"默契"的催化体系,让气态的氧硫化碳固定下来。当然,寻找的道路一波三折。

张兴宏首先想找到一种能高效活化氧硫化碳的物质。在自然界中,确实有这样一种酶——碳酸酐锌酶。据研究,这种酶在地球早期有生命的时候就广泛存在了。它是生命体中的一种活性酶,能将空气中极少量的二氧化碳水合,变成碳酸氢根离子,是已知自然界中转化二氧化碳能力最强的物质。它广泛存在于动物的肺泡中,对于调节酸碱性、维系生命具有重要的作用。碳酸酐锌酶也能"抓到"氧硫化碳,并把它转化为硫化氢——动植物腐败臭味的主要来源之一。

"我们离自然界的创造还有很远的距离。"张兴宏感叹道。从转化二氧化碳的效率来讲,至今人类制造的催化剂最快大概每秒转化 43 个分子,而碳酸酐锌酶每秒能够转换 100 万个分子。

碳酸酐锌酶的功能结构包含锌离子和氢氧键,可以看作酸碱协调来活化反应物的体系。张兴宏从中受到启发,找到了功能类似的路易斯酸碱对。碱提供电子对,与酸由某种弱的分子作用力结合起来,从而调控两者的结构,使它们"默契"地抓取不同的"兔子"并排队。

方向选对之后,张兴宏课题组在如何寻找或设计路易斯酸碱对上下了许多功夫。

无须金属也可催化

早在 2008 年,张兴宏就发现并提出了"氧—硫交换反应"的概念,解释了二硫化碳难以与环氧化合物完全交替共聚的原因。"这就好比医生治病,明晰了病因就好对症下药。"2013 年,他们能够成功将氧硫化碳与环氧化合物共聚起来,使用的催化剂是金属催化剂。而科研工作者并未止步,对于面向应用的研究,在很多场合,人们最大的诉求是材料中不能含有重金属。

张兴宏团队继续寻找不含金属的催化剂。"传统都是金属来做催化剂,要改变这一惯性思维,用非金属催化剂,就需要重新建构一套方法。"2017年,博士生杨嘉良找到了含硼的路易斯酸碱体系作为催化剂,可以得到无色透明的含硫高分子。虽然具有很高的催化活性,但是在使用过程中,硼化合物易燃,操作难度较大。2018年硕士生张成建找到了硫脲和有机碱这个组合,形成了简单、便宜、效果好的催化体系。

把硼换成硫脲的关键一跃看似简单,但非常有趣,换成了另一种"默契""抓兔子"的方式。得到的催化体系可以在温和的条件下,使得氧硫化碳和环氧化合物"活性"共聚,同时又有很高的效率。在这之前,含硫高分子的合成常用缩聚或开环聚合的方法,以难以储运的剧毒光气和硫醇等为原料。张兴宏团队的这一技术是以非光气路线合成含硫高分子的新突破。

本课题得到国家自然基金委(21774108)和浙江省自然科学基金委杰出青年基金项目(LR16B040001)的资助。

（文：柯溢能）

数码喷印上演"速度与激情"

时装秀场上,模特身着色彩绚丽、印花生动、质料各异的华美服饰,解锁新一轮流行趋势。几天之后,紧扣潮流脉搏,时髦的印花服饰就已出现在市井街头……反应快、多品种、小批量、个性化,"快时尚"的时代已然到来。于瞬息万变的市场演绎"速度与激情",这背后,印花新技术的出现和发展有着不可忽视的重要作用。

早在 2004 年,浙江大学生物医学工程与仪器科学学院陈耀武教授及其团队就开始致力于超高速数码喷印设备关键技术的研发及应用。在国家"863"计划和国家科技支撑计划项目支持下,陈耀武团队联合杭州宏华数码科技股份有限公司等单位进行产学研合作,通过多年攻关,研发了喷印速度快、印花精度高、可个性化生产、绿色环保的超高速数码喷印技术及设备。它正逐渐成为引领纺织印花行业转型升级的关键力量之一。凭借于此,陈耀武团队获得了 2017 年度国家技术发明奖二等奖。

让"智能大脑"高效运转

我国是纺织印花大国,传统印花工艺需要人工刻网、调色,生产周期长，印花精度低，且会产生大量废水，严重阻碍行业的可持续发展。数码喷印技术的出现，为缓解上述问题带来了新希望。如同打印机打印纸张一般，只要在电脑中输入图像，人们就可以便捷地拿到实际样品。然而长期以来，数码喷印生产速度慢，无法跟上市场需求批量生产，仅能用于设计打样等。开发超高速数码喷印设备可以说是满足大规模工业化生产的唯一出路。

经过反复探索，陈耀武团队突破这一困扰超高速数码喷印发展的重大技术瓶颈，发明了基于众核处理器和大规模 FPGA（现场可编程门阵列）的超大流量喷印数据实时并行处理引擎，让系统拥有能够高效运转的"大脑"。

从 2004 年开始，到 2009 年研制出第一台超高速数码印花机样机，再到如今，项目团队优化技术的脚步从未停歇。在同一块面料上混合喷印出丰富细腻的色彩，摆脱花回限制，细致逼真地展现颜色渐变、云纹等精美图案，实现即打即印，立等可取，可以说，梦想已成为现实。

截至目前，超高速数码喷印已可在 $1200 \times 600 \text{dpi}$ 精度下对最大宽幅 3.2 米的织物进行彩色高精度喷印，且喷印速度达 1000 平方米/小时以上。

事实上，要做到这些，相当不易。它意味着要将电脑上的设计图案实时转换为 32 个喷头的控制信号，而每个喷头上有 2656 个喷孔同时以 2 万次/秒的速度进行喷印。由于超高速数码喷印设备的喷头阵列排布方向与电脑设计图案方向相差 90°，喷孔数据以位（bit）而非字节（byte）为单位，所以除了要实现 84992 个喷孔的精准时序控制，系统还必须先将设计图案按"位"旋转后再进行喷印，实时处理的喷印数据量之大可想而知。

给机器装上"火眼金睛"

超高速数码喷印采用墨水进行图像喷印,而墨水很容易在喷墨口上凝聚结块,使喷孔堵塞。84992 个直径为 20 微米的喷孔,一旦有几个出现堵塞,就可能出现喷印图像色彩失真、漏印等问题。

为此,项目团队提出基于视频的喷头状态高速实时监测控制方法及系统。通过摄像头实时采集高分辨率的图案,将其与系统中预存的图案通过算法进行比较、判定,图像处理系统将检测结果实时发送给喷头控制系统。只要发生堵塞,喷头就会自动进行清洗,这有效防止了喷头堵塞引起的喷印缺陷。

"失之毫厘,谬以千里",喷印图像残缺、喷头滴墨、喷孔出墨不均匀、导带步进不准等诸多因素都可能造成织物喷印品质的严重下降。当使用超高速数码喷印设备进行工业化生产时,织物纹理和喷印图像花型往往较为复杂,传统的机器视觉检测系统无法在高速生产的条件下做到高精度实时微缺陷检测。而喷印缺陷一旦产生,出现大量次品,造成原材料的严重浪费是必然的。

通过发明基于高性能嵌入式处理器的喷印缺陷在线自动检测方法及系统,项目团队为机器装上了识别缺陷的"火眼金睛"。当系统判定缺陷产生后,可通过报警、自动停机等方式将损失降到最低。

为行业换上"绿色新装"

攻克了诸多技术难题,实现超高速数码喷印,项目团队获得了发明专利授权 29 件,其中美国专利 2 件;发表了 SCI/EI 论文 27 篇;研发了系列具有自主知识产权的超高速数码印花机。

行业权威期刊《数码纺织》(*Digital Textile*)曾对全球超高速数码

喷印设备进行对比、评估,该项目总体技术居国际领先水平。此外,纺织品行业权威咨询公司——英国 WTiN 发布的 2015 年度全球市场分析报告显示,2015 年度采用该项目成果喷印的织物产量占全球市场的 13％,为全球第二。

目前,项目产品已出口到意大利、日本等 20 多个国家和地区,在 200 多家印花企业成功应用;2015—2018 年实现新增产值 3.07 亿元,出口创汇 9323 万元。项目成果也已被列入国家发展改革委员会《产业结构调整指导目录》、工业和信息化部《工业节能"十二五"规划》,以及生态环境部《国家鼓励发展的环境保护技术目录》。

作为满足个性化定制生产需求和"快时尚"消费需求的新一代印花设备,超高速数码喷印设备正成为推动纺织印花行业转型升级,提升纺织印花产品国际竞争力的重要力量。

而在节能减排和环境保护方面,该项目也发挥着积极的作用。不同于传统印花过量给墨、给浆,布面上 50％以上的染料会被洗去,从而产生大量高污染废水——超高速数码喷印过程中,染料的使用由计算机"按需分配",化工染料的消耗及废水排放都大幅度降低,废水经简单处理后即可循环利用。这为纺织印花行业换上"绿色新装"提供了新可能。

科技创新永远在路上。陈耀武表示,团队将继续攻坚克难,研制下一代超高速数码喷印技术及应用,让数码喷印的速度更快,精度更高,节能环保能力更强。

（文：金云云）

在这场"世界杯"上，中国队用机器人夺得冠军

浙江大学在 2018 机器人"世界杯"小型组决赛上战胜"老牌劲旅"美国卡内基梅隆大学，夺得冠军，这是浙江大学代表中国队第三次夺冠。

与"老牌劲旅"两度相遇终获胜

小型足球机器人外形近似圆柱体，直径为 18 厘米，高度为 15 厘米，体态轻盈，它们的"足球"是一个橙色的高尔夫球。

浙江大学机器人团队"主教练"、浙江大学控制科学与工程学院熊蓉教授介绍，小型足球机器人底部有四个全向轮，可以实现各个方向的灵活移动，在高速运动中还可进行控球和挑射。

"比赛一旦开始,任何人为操作都被禁止,机器人只能够根据预先设定的策略和软件分析赛事,靠自己做出判断和决策。"熊蓉说,这对机器人的速度、稳定性、协作性都提出了很高的要求。

2018年的机器人"世界杯"决赛地点位于加拿大蒙特利尔市,赛事吸引了来自世界顶尖高校的学生参加。浙江大学在小组赛中以一平三胜的战绩顺利出线,进入双败制淘汰赛后,遭遇老对手美国卡内基梅隆大学。在比赛中,浙大机器人由于定位球程序出现问题,以1:2告负进入败者组。

"淘汰赛中,我们发现自己总是被卡内基梅隆队压着打,对方在控球方面有明显优势。"浙大团队队长、浙大控制科学与工程学院研一学生黄哲远回忆说,"其实我们的硬件条件并不输给对方,我们就在赛后抓紧分析改进。"

通过修正问题、优化程序,浙大团队在败者组接连击败伊朗队、德国队,最终闯入决赛。决赛场上,浙江大学再次遇上美国卡内基梅隆大学,谁料一场酣战后,浙大队以4:0斩获冠军。

"面对强队能够打出这样的分差,在赛场上非常少见。"熊蓉说。

"吸球"绝招成制胜关键

浙大曾在2013年和2014年拿到机器人"世界杯"小型组冠军,之后的三年却连续落败。熊蓉说,2015年,团队只拿到季军,这让他们开始反思自己的技术缺陷。

"我们认为要加强高速动态中的智能性。以前我们定位球打得很好,但这几年大家的技术都发展起来后,我们的优势就逐渐消失了。"熊蓉带领团队从2016年开始重新搭建小型足球机器人的体系架构并设计算法,使机器人得以更轻易地适应复杂规则的变化。为了更加稳定地控球,团队还用 3D 打印、红外识别等技术设计了一个"吸球"硬件。

这些都成为本次机器人"世界杯"赛场上浙大团队的制胜绝招。在决赛中,浙大足球机器人在球门前接到"队友"传球后,用吸球硬件牢牢地将球控在自己"脚下",利用后向及横向带球技术,寻找空当转身"射门",动作流畅,一气呵成。

"机器人可以自动计算进攻传球线路,并根据赛场上的不足进行自动调整。增强吸球能力后,机器人在球场上有更多控球权,结果出乎意料地好。"浙江大学团队成员、浙江大学机械学院学生陈泽希说,此前的足球机器人几乎只能推球前进,如此稳定的"控球技巧"还是首次出现在赛场上。

熊蓉说,能够再次夺回机器人"世界杯"小型组冠军,意味着浙大小型足球机器人在软件和硬件实力上都有较大提升,实现了很好的融合。

机器人踢"世界杯":不只是比赛

机器人"世界杯"是机器人领域最高水平的国际性赛事,于 1997 年首次举办。它以机器人足球为中心研究课题,通过举办机器人足球比赛,促进人工智能、机器人技术及相关学科的发展。

熊蓉说,机器人"世界杯"每年的比赛规则都有一定的变化,比如 2018 年场地面积扩大 1 倍,机器人数量从 6 个增加到 8 个,更加接近人类比赛队伍的人数,对角球距离、平射速度及场地冲撞等都有硬件限制。

与本届"世界杯"新加入的视频助理裁判技术有着异曲同工之妙的是,2018 年机器人"世界杯"足球赛小型组赛中也引入了自动裁判,对程序进行直接判定。熊蓉介绍,这些变化是为了验证机器人的协作能力,引领技术发展方向。

在这些规则下,机器人不仅速度快,而且能够精确避障,因为一旦发生碰撞就得"吃黄牌"。在赛场上,机器人能多"人"协作进行断球、传球,甚至还能够做出假动作迷惑对手。

这些"球场技术"体现的都是机器人的基础性技术研究,其中,部分成果已经在现实生活中得到了应用。浙大团队已经基于相关技术,制造出拥有优秀导航路径规划和轨迹规划能力的轮式服务机器人与搬运机器人。

(文:朱 涵)

废水自回收除锈爬壁机器人成功投入使用

　　生锈和海生物附着是远洋船舶面临的常见问题，需要定期清除船板上的铁锈、废旧油漆、附着海生物，以保证船舶的良好工作。传统的人工清除属于典型的劳动密集型作业，且存在一些难以克服的弊端，比如高空作业难度大易导致人身伤害，喷砂作业污染环境且危害人身健康，相关用人成本逐年陡增且招工难，等等。

　　针对这些难题，浙江大学朱世强教授团队研制的除锈爬壁机器人成功在浙江省舟山市的金海船务公司交付使用。据介绍，这台除锈爬壁机器人自重 72 千克，挂载能力超过 100 千克，利用超过 200 兆帕斯卡的超高压水射流除锈（油漆），并利用真空负压同步将废水从船板表面抽到收集设备，从而避免含有铁锈和旧油漆的废水直接流到大海中造成污染。团队技术骨干、浙江大学海洋学院教师宋伟介绍，在满足 Sa2.5 除锈等级的要求下，这台机器人的最大作业效率为 81 平方米/小时，平均作业效率为 40 平方米/小时。

　　关于这台除锈爬壁机器人，朱世强团队基于 10 多年的特种机器人和流体动力技术的研究积累，在长达 2 年的时间里，通过 4 代机型的测试和实船试验，完成了相关研制与实际应用工作。该团队先后突破了单面强吸附永磁组件设计、大负载爬壁机器人轻量化设计、超高压水射流喷嘴空间分布优化、曲面自适应真空废水回收等关键技术。

　　宋伟介绍，这台机器人首先要解决的是质量与磁性的矛盾，要设计一款质量轻、吸附力大的磁铁。"我们通过磁回路和磁铁组件尺寸的优化设计，解决了磁铁的问题。"宋伟说，"还通过机械结构的设计，促进整体机器人轻量化，便于人工搬运。"

　　爬壁机器人在船表面的吸附原理比较简单，但实际应用却面临十分复杂的情况。不同的船型、焊接与涂装工艺，以及海水对油漆的冲刷程度，都会影响爬壁机器人的工作性能。朱世强团队遇到过一条越南散货船，焊缝做得很高，一不小心就会卡住。"这些凸起和曲面会影响真空密封效果，从而削弱真空回收的能力。因此，需要在真空回收区域设计密封装置，该密封装置同时要能适应凸起和曲面，从而保证真空回收效果。"宋伟说。

浙江舟山是我国重要的船舶修造基地和石化储运基地。除了船舶,该款机器人还可以用于石化储罐的壁面维护。目前,舟山拥有石化储罐容量近 3000 万立方米,当相关原油储备基地建成后,储罐容量将达上亿立方米。对于浙江大学的这款除锈爬壁机器人来说,大有其用武之地,它可以很好地支撑舟山当地产业,也将在实际应用中积累更多经验,得到快速的升级成长。

宋伟介绍,更大负载能力、更高作业效率的机型已在样机装配阶段,水陆两栖机型亦在 2018 年年底完成样机研制。依托浙江大学多学科优势,未来除锈爬壁机器人还将加入更多人工智能技术,基于多传感器信息融合,能够检测清洗的效果,进而规划路径,优化系统作业参数,实现作业效率最优化。"爬壁机器人作业过程就像刷油漆一样,相邻两道清洗痕迹重叠得越少,作业效率越高。同时,对于不同的油漆牌号和涂装工艺,又需要根据实际清洗效果来自动调整与优化爬行速度、水压、喷嘴转速等系统参数,这对作业效率的提高也是很有必要的。我们希望通过人工智能技术的应用,充分发挥机器人的潜能,把平均效率进一步提升。"宋伟说。

该团队已申请相关专利近 20 项,获得了地方政府、投资机构的资金支持,即将开展知识成果转化和产业化。

（文：柯溢能）

在纸上画出可收集人体运动能的高效摩擦纳米发电机

无论是手机还是笔记本电脑,这些便携式电子设备已成为人们生活中的必备工具。这些物品的快速发展,得益于可再生和环保的电池为它们供电。随着运动手环等更加轻巧的可穿戴设备的风靡,如何为它们提供高效、清洁和可持续的电能是亟须解决的难题。

浙江大学海洋学院海洋电子与智能系统研究所朱智源博士研究小组,研发了一种新型的 X 型高效摩擦纳米发电机。这款发电机具有结构简单、体积小、成本低及可收集人体运动能等诸多特点。这项研究发表在著名期刊《纳米能源》(*Nano Energy*)上。

论文第一作者为浙江大学海洋学院 2017 级船舶与海洋工程专业硕士研究生夏克泉,通讯作者为青年教师朱智源博士,共同作者包括 2014 级海洋工程与技术专业本科生杜超林与 2014 级船舶与海洋工程专业本科生王容基。

用笔画出一个发电机

在该研究工作中,研究人员提出了一种新颖的纸基摩擦纳米发电机（XP-TENG），并可通过商业画笔将签字笔油墨勾勒在纸上形成电极。

让我们一起来还原这个绘画过程——

首先取两张尺寸为 3cm×9cm 的纸片，在纸片的一侧切割出两条平行的缝隙用以嵌合器件。接着用画笔将签字笔油墨均匀地涂抹在纸片的表面，然后放置 2 分钟，使得油墨在纸的表面固化形成电极。取其中一张纸片，在电极表面贴上特氟龙胶带，然后将其中一张纸片折成"π"形状，另外一张折成"倒 π"形状。最后将两个器件通过缝隙嵌合到一起，便形成了一个 X 形状的纸基发电机。

在这之前，摩擦纳米发电机（TENG）作为一种智能绿色器件已经被科学家所研发。"摩擦纳米发电机最具吸引力的特征是能把各种机械运动转换为电能，如人行走，人眼运动和车辆运动等。"遗憾的是，摩擦纳米发电机多数加工成本过高，工艺复杂，很难实现大规模生产。

直到 2013 年，王中林院士课题组创新性地提出了一种纸基摩擦纳米发电机，大大降低了制作成本。2017 年，张晓升教授等人用铅笔在纸上绘出导电石墨层作为摩擦纳米发电机的导电电极，进一步简化了制作工艺，推动了纸基柔性能源器件的发展。

朱智源表示，当纸基材被弯曲，导电电极表面被划伤时，签字笔油墨层的表面电阻比用铅笔绘制的石墨层的薄层电阻更稳定。这种优异的性能表明，与铅笔石墨层相比，油墨层具有更长的使用寿命，更适合复杂的使用环境。

X 形状的妙用

以前的研究涉及多种结构，包括拱形结构、V 形结构和菱形结构。然而，以往的结构大多只有单一的工作模式，限制了摩擦纳米发电机的实际应用,导致器件效率有限。因此,在这项研究中,研究人员提出了一种新颖的采用了切纸和折纸的组合式架构的 X 形状纸基摩擦纳米发电机。

这种新的形状本身带有 6 对摩擦电极,进而将 6 个摩擦副集成到一个 X 形状纸基摩擦纳米发电机。这一特殊的结构可提供两种工作模式,拓展了摩擦纳米发电机的应用范围。

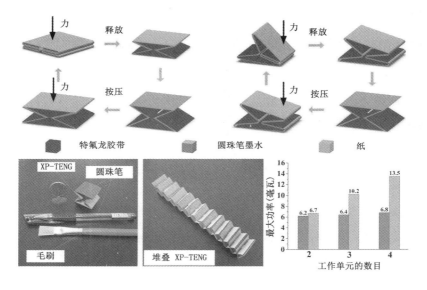

X 形状纸基摩擦纳米发电机的工作模式、制备材料及性能提升

第一种模式基于常规的接触—分离模型。采取多个堆叠结构的 X 形状纸基摩擦纳米发电机,可以进一步提升堆叠结构的电流输出性能。科研人员通过实验发现,在手按压下具备四个工作单元的堆叠 X 形状纸基摩擦纳米发电机,其产生的输出能够直接点亮工作电压为 3.4V 的 101 个串联高功率蓝光 LED。"当然,为了防止电流相互抵消,我们还会在结构中采用多个全波桥独立连接的优化手段,使得电流朝着一个方向运动。"

第二种模式可以有效地从人体运动中收集机械能。比如收集人肘运动机械能,或者将 X 形状纸基摩擦纳米发电机放在书包里,收集人走路时产生的振动机械能,等等。

科研人员介绍,X 形状纸基摩擦纳米发电机能够适应湿度高的环境,具有在海洋环境下工作的潜力,在船舶电子系统供能方面有所应用。"未来,潜水员的探照灯或许可以通过人体自身的运动机械能发亮,这种发电原理或许还可以运用到救生中。"朱智源说。

据介绍,用于海洋的纳米能源器件是浙江大学海洋电子与智能系统研究所的重要研究方向。该研究所由徐志伟教授于 2016 年 1 月领衔创立,重点关注以信息科学与海洋物理为学科交叉的基础研究,包括海洋信息电子、智能系统,以及用于海洋电子装备的新能源、新材料、新器件。此次研究所利用简易的商用材料制备了结构简单、体积小、重量轻、成本低、作用速度快的供能器件,在摩擦纳米发电机研究上取得了突破,为用于海洋的自主便携电子系统持续供能提供了新的思路。

本研究由中央高校基本科研基金资助和国家自然科学基金资助(61674218、61731019)。特别感谢浙江大学动物科学实验教学中心提供的扫描电镜表征。

(文:柯溢能)

像包饺子一样制出细胞大小的胶体机器人

机器人正越来越小型化,浙江大学与麻省理工学院的学者成功设计出细胞体大小的机器人,其能够携带和收集周遭体内环境的数据,帮助人们监控健康状况甚至携带药物。这项研究以封面文章的形式被《自然材料》(*Nature Materials*)刊发。

像包饺子一样制作出首个胶体机器人

要制造出胶体机器人,课题组需要克服两个方面的难题:传统自上而下的光刻技术不适用于胶体体系的规模化加工和生产;原子厚度的石墨烯等二维材料薄而脆,断裂行为难以控制。

浙江大学化工学院刘平伟研究员和麻省理工学院的迈克尔·S.斯特拉诺(Michael S. Strano)课题组合作首创了一种全新的微纳加工技术——自动穿孔(autoperforation)纳米加工技术,解决了上述两个难题。

该技术是一种基于二维材料可控断裂的加工手段,通过喷墨打印,在二维材料表面构建聚合物或聚合物纳米复合物的颗粒阵列,接着将另一种二维材料覆盖在该阵列表面,形成夹层结构。利用这种方

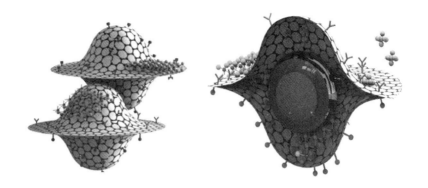

法,可以定制得到壳层是连续二维材料、内核为打印材料的特殊微粒。该加工方法可以精确地控制粒子壳层的二维材料种类、表面官能团、内核组成、颗粒形状和大小等多个方面。刘平伟介绍,自动穿孔技术的操作条件简单,不需要使用成本高昂、操作复杂的无尘室。

什么是二维材料?即一种超薄的、只有单层或者少数几层原子或分子厚的片状纳米材料。其在 Z 轴上电子运动受限,有着特殊的光电性能,同时还具有很好的化学和机械稳定性。石墨烯就是一种典型的二维材料。

刘平伟研究员认为该制作过程有些类似于"包饺子",但不同的是,一次能批量制备大量的"饺子"。由于石墨烯或其他二维材料既薄且脆,其加工操作过程中一般需要衬底材料做支撑,如聚合物层。利用化学气相沉积法生产大面积、高质量的二维材料,将其转移到聚合物膜材上,可以制得大面积的"饺子皮"。通过喷墨打印的方式,可制成由纳米颗粒组成的"馅料"(微粒)阵列。利用两张"饺子皮",可将该"馅料"阵列包裹起来。最后通过选择性地将聚合物膜材溶解,石墨烯或其他二维材料会自然地贴合到"馅料"上,并且在"馅料"的引导下实现自动穿孔切割,批量制得以二维材料为表皮、由纳米颗粒复合成内核的微粒。通过这种自动穿孔纳米加工技术,可以制得尺寸为 10 至

100 微米的微粒。它们类似于人体红细胞，在显微镜下，具有与活的生物细胞类似的独立、自由浮动的能力，可通过磁场驱动，因此也可以视作微粒机器人。

该自动穿孔纳米加工技术的独特之处就是利用了二维材料如石墨烯本身的脆性，通过施加特定的局部应力场引导二维材料的可控性断裂，进而制得形状和大小可控的二维碎片。例如，理论模拟发现，当石墨烯包裹层附着在具有一定高度的圆柱形状的聚合物粒子上时，处于圆柱边缘的石墨烯会出现应力集中的现象，从而形成环向应力场，该过程就像一块桌布慢慢地落在一张圆形桌子上，桌子边缘会产生环形应力场一样。

这一机器人可在封闭环境中"上天入地"

胶囊机器人的"细胞膜"有了，细胞内外就有了明显的界线，科学家们可以通过对细胞膜材料及打印纳米材料的调控，实现多种不同的功能集成。

刘平伟介绍，这种机器人独特的微观结构及二维材料的引入，赋予这些微粒特殊的电子功能和化学传感功能，它们可以采集和记录周围环境的信息，包括记录探针台写入的 15 个比特的电子信息，以及土壤和水体中的化学物质信息，如金属污染纳米粒子或离子。因此，这些微粒机器人有望广泛地应用于生物医药研究领域，也可以被注入石油或天然气管道，获取人们所需的环境数据。

利用自动穿孔技术这种新的微纳加工技术，研究人员可将原子般薄的表面裁剪成所需的形状，包裹不同的微纳材料，以便应用到不同的学科和领域。自动穿孔技术也提供了一种全新的在微粒尺度内集成不同微纳电子器件的方法，有望应用于大批量生产具有更复杂功能的微型自驱动的胶体机器人。

刘平伟介绍,细胞大小的智能机器人具有很大的应用潜力,可以使其分散、流动到传统电子器件难以进入的封闭环境中,如石油、天然气管道,或人体的胃肠道及血管中等,去采集、记录和发送相应环境的信息。

新加坡南洋理工大学的科研人员在同期杂志上专门撰写了点评文章,认为该研究提供了一种全新的微纳制造技术,为二维材料和微纳米颗粒的可控复合及表面功能性集成提供了新的思路。

刘平伟的这项研究从 2015 年开始,持续 3 年。论文第一作者为刘平伟研究员,美国麻省理工学院的迈克尔·S.斯特拉诺教授是该论文的通讯作者。该研究后期得到了浙江大学"百人计划"启动基金等项目的支持。

(文:柯溢能)

新型软件系统帮助识别乱玩手机的 "熊孩子"

在"防火、防盗、防'熊孩子'"的今天,倘若把手机随意交到"熊孩子"的手上,那么你将有机会见到如下情景:

2岁半的男孩为看动画片,怒试妈妈手机的开机密码,结果手机被娃锁屏48年;

英国7岁小女孩成功破解父母手机的密码,花了1万多英镑给全家订了迪士尼套餐;

有人为了防止"熊孩子"盯上自己的手机,专门给手机加上双系统,以便随时切换;

······ ······

于是,家长们有了这样的期盼:要是手机能自动识别是"熊孩子"在玩手机,然后自动开启"防'熊孩子'误操作模式"就好了!

幸运的是,这个想法有可能得以实现。

浙江大学电气工程学院智能系统安全实验室徐文渊、冀晓宇教授团队和美国南卡罗来纳大学合作开发的新软件iCare,给广大父母及被"熊孩子"纠缠的各位带来了福音。相关论文被移动技术大会HotMobile 2017收录。

分析了 35 个特征数据，原来"出卖熊孩子"的是这些小习惯

这个"神奇"软件的背后是人体工程学、运动机能学及大数据等学科相结合的一套复杂算法。

据智能系统安全实验室的冀晓宇教授介绍，儿童和成人使用手机时的不同习惯是软件实现精准识别的基础。比如，儿童点按手机屏幕的力度相较成人更小、更不均匀，他们的小手在手机屏幕上划过的轨迹也会短于成人的，这可能是因为儿童的骨骼、肌肉尚未发育完全。

实验团队邀请了 17 名 3～11 岁的儿童和 14 名 20～59 岁的成人作为两个对照组，分别进行输密码和玩"2048"两项游戏。

在游戏过程中，固定时间内测试者点按和滑动的次数、手指按压范围和按压强度、手指滑动的长度和方向等 35 项数据被一一记录。

"选择这两项游戏，是因为它们涉及点按和滑动两种操作。而且对于儿童来说，更容易被接受。"冀晓宇说。

团队成员们发现，尽管 3～5 岁的儿童人数不多，他们的点按次数却是四个组别中最高的。这很可能是因为该年龄段的孩子输错密码的概率更高，尝试解锁的次数更多——这就构成了识别儿童与成人的影响因素之一。

克服自然识别的困难，为孩子们提供更安全可靠的"防护"

在 iCare 之前，识别用户主要有输入密码、身份信息验证、人脸验证等方式。但人们发现，不管是输入密码还是验证身份信息，都存在被"偷"和被"冒用"的问题。而时下流行的人脸识别，更是面临隐私泄漏的风险。

"因此，我们试图通过使用屏幕等手机自带的不侵犯隐私的传感器，来实现一种自然识别。"冀晓宇解释道。点按、滑动等行为产生的数据不同于声音、图像等隐私数据，通过分析这类数据，能在不侵犯用户隐私的前提下，准确、自然地识别用户特征。

据了解，该软件在用户单次滑动之后的识别准确率达到了 84％；8次滑动之后，准确率可高达 97％。"现在，我们还在进一步提高软件识别的准确率，特别是提高单次滑动之后的识别准确率。"论文作者之一程雨诗说。

让家长们更可感到放心的是，自家的"熊孩子"基本上无法冲破这一道"自然识别"的防线——因为他们无法模仿成人的手指大小和滑屏习惯，即使能够保证成功模仿一次，要想同时满足 35 个特征，对于尚在发育中的他们来说，仍是"天方夜谭"。

做一款人性化的软件，期待与更多公共服务机构合作

解决了难度最大的自然识别问题，后续的相关引导与管理问题将迎刃而解。"当检测到儿童正在使用手机时，系统会自动提示剩余的使用时间，之后手机便会自动关闭。我们还可以设计两套系统，针对儿童开放一些安全绿色的软件或网站，帮助引导儿童健康活动。"冀晓宇说。

徐文渊表示,iCare 所代表的自然识别技术具有广阔的应用前景。团队期待与更多互联网企业及医院等公共服务机构合作,拓宽为更多特定人群开发相应服务技术的渠道。目前,团队已经收到多家互联网公司的合作邀请。

也许未来的某一天,当我们摆脱"熊孩子"乱玩手机的时候,我们还能收到软件提供的"私人健康订制服务"——

一向打字稳健的中老年人,如果输入速度变得忽快忽慢,软件可能就会提醒他:要警惕帕金森病咯!

一向打字飞快的人,突然有一天,触屏速度变慢了,软件可能就会提醒他:是时候关心自己的心理健康啦!

…… ……

（文:周亦颖）

第三章

笃　行

脑科学与人工智能将如何融合创新？

2018 年 9 月 14 日,浙江大学对外发布将实施脑科学与人工智能会聚研究计划(简称"双脑计划")。据悉,浙江大学正在积极推进"双一流"建设,实施"创新 2030 计划","双脑计划"作为首个启动的专项计划,将充分发挥浙江大学的多学科综合优势,探索推进脑科学与人工智能研究的会聚融合,同时带动更多的自然科学和人文社会科学学科的创新发展。

浙江大学"双脑计划"的意义是什么？

脑科学旨在探索脑认知、意识及智能的本质和自然规律,人工智能致力于以机器为载体实现人类智能。脑科学借助人工智能等信息技术,探索大脑新功能、新结构;人工智能借助脑的新模型、新机制,实现机器智能及其应用。两者的发展正呈现交叉会聚的趋势。"双脑"研究将产生大量造福人类社会的重大科技创新,解决经济社会发展中复杂的现实问题,重塑国家的产业体系和核心竞争力,是世界各国竞相发展的战略科技前沿高地。

"双脑计划"将紧紧围绕国家战略目标,瞄准国际科学前沿和重大挑战问题,布局脑科学和人工智能的会聚研究,推进两者的交互探索和融合创新,努力实现人类对脑功能及智能本质的认识和利用,推动"双脑"科技在脑疾病诊治、智能医疗、智能城市、数字经济、教育发展等领域的创新应用,引领未来智能和健康产业的发展。

"双脑计划"的研究内容是什么?

浙江大学的脑科学与人工智能研究具有悠久的历史和雄厚的实力,在神经科学、认知科学、人工智能、计算机科学、控制科学、纳米材料、生物科学、临床医学、心理科学等领域集聚了大批著名学者和创新人才,形成了一批重要研究基地和成果。"双脑计划"将集中优势学科力量,重点推进脑科学与意识、下一代人工智能、脑机交叉融合等前沿方向的研究,同时围绕"脑科学+""人工智能+"开展高水平学科会聚研究,推动更多学科领域的研究范式转变和颠覆性技术创新,力争基础理论、前沿技术和成果转化取得重大突破,面向未来培育一批世界领先的研究成果和优势学科。

浙江大学如何推进"双脑计划"实施?

浙江大学将通过实施"创新2030计划",聚焦未来创新蓝图,打造多学科参与的学术共同体,以及科学、技术和产业的创新联合体,通过体系化、有组织的规划实施,将计划任务与国家战略目标、区域重大需求及学校"双一流"建设规划紧密结合起来。

为支撑"双脑计划",浙江大学将着力构建一流的创新生态系统:一是调动相关学科积极性,推动跨领域学者和学生共同参与计划任务;二是整合校内外研究机构加强协同创新,形成"双脑"研究的开放式体系;三是加强与行业企业的合作,促进原创技术突破和产业化应用;四是链接全球合作网络和校友网络,汇聚具有共同愿景的合作伙伴,协同推进计划实施。

（文:柯溢能）

与古今中外的数学大师来一场对话

自徐迟的报告文学《哥德巴赫猜想》发表以后，陈景润成了家喻户晓的人物，而这一不食人间烟火的数学家的形象也渐渐深入人心。国内多年的应试教育让数学成为许多人的"心头之痛"，是否有一种方法能激发青少年的数学兴趣，让他们热爱数学，理解数学大师的精神世界，改变他们对数学的偏见，是每一个数学老师孜孜以寻的问题。

《数学传奇：那些难以企及的人物》就是这样一本书。

这本由浙江大学数学科学学院蔡天新教授撰写的科普读物讲述了 20 多位伟大的数学家的生平故事，探讨他们的内心世界、成长经历和成才环境，描绘他们的科学思想、成就和个性。他们有的横跨多个领域，有的经历传奇。作者用新颖的随笔形式将这些看似难以企及的数学家生动地展现在读者面前，让读者仿佛置身于数学的殿堂之上，与数学大师们进行对话。

2018 年 1 月的国家科学技术奖励大会上，蔡天新携他的《数学传奇：那些难以企及的人物》荣获 2017 年度国家科学技术进步奖二等奖，这是当年"国家三大奖"里仅有的几项由一个人独立完成的项目之一。

《数学传奇:那些难以企及的人物》于 2016 年 1 月由商务印书馆出版,分为甲、乙、丙三辑。甲辑收录的是那些在人文领域也有杰出贡献的数学家,包括毕达哥拉斯、阿基米德、海亚姆、笛卡尔、帕斯卡尔、莱布尼茨、庞加莱、冯·诺伊曼等;乙辑收录的是那些有着传奇经历的数学家,包括秦九韶、费马、牛顿、欧拉、高斯、希尔伯特、拉曼纽扬、华罗庚、陈省身、爱多士等;而丙辑收录的是从宏观的视角来看待数学与数学家的文章。本书的"前身"为《难以企及的人物》一书,该书由广西师范大学出版社于 2009 年 5 月出版。《数学传奇》约 30 万字,总计已印行超过 25000 册。

"对于特定的人,我们抓住其特色鲜明的个性,甚或弱点来揭示,让读者能深切感受到,天才人物也是可以亲近的。"蔡天新这样描述自己的作品。这本书以朴素流畅的随笔方式撰写,这是由法国作家蒙田开创、英国哲学家培根擅长的书写方式,以叙事、引述、评论为主。蔡天新并没有刻意去追寻一个个完整的数学家的故事,而是如博物馆漫步一般,行至一处,娓娓道来,再悠然走过。数学史家林开亮和崔继峰这样形容他的文字:"自从《史记》以来,中国最常见的文章体裁是散文(prose)。如果你没有读过随笔(essay),那么蔡天新的《数学传奇》,会带给你一种很新鲜的感受。蔡天新的随笔,像一张逐渐散开的网,有朝各个方向延伸的可能,因此常常带你进入耳目一新的天地。"他们将此书与美国数学家贝尔的《数学精英》相比较,指出:"贝尔的文字是收敛的,而蔡天新的文字是发散的。借用文学上的比方,贝尔的文字是杜甫型的,而蔡天新的文字是李白型的。"

蔡天新写数学家,在围绕一两个主角展开叙事的同时,对与其相关的种种历史背景、文化背景,以及其他领域的典故轶事,都有可能提及;由点及面,异彩纷呈,引人入胜。他自己也在序言中写道:"本书不是关于数学的历史,但却通过讲述数学史上一些个性鲜明的人物,揭示了数学王国里各种奇异的珍宝、明艳的花朵和隐秘的激情。"

著名诗人西川也在书评中说:"他敏感,但不是那种富于侵略性的敏感,他对于轶事和小知识的趣味形成了他的渊博,但这种渊博不同于考据性的渊博……他不会伸出一只粗暴的手把你抓住,但如果你被他抓住了,你便无法逃脱。"

拥有这样文笔的一个原因是,蔡天新既是一名数学家,又是一名诗人。2002年起,蔡天新先后出版多本诗集、随笔集,其作品已译成7种语言在全世界出版发行。"我们活在这个世界上,像一束子弹,穿过暗夜的墙。"蔡天新的这句诗被印在法国书店的橱窗上,也印在以色列发行的明信片上。蔡天新还独立主持了外国诗歌领域的国家社会科学基金项目,他主编的注释读本《现代诗110首》(两卷)被一些大学和中学列为写作课教材或必读书目。蔡天新的这种思维与心灵的碰撞,恰如他所钟爱的一句来自"数学王子"高斯的话:"数是我们心灵的产物。"

读万卷书,行万里路。蔡天新还有第三重身份——旅行家。他去过超过100个国家和地区,进行学术访问,出席会议及文学活动。因此,这本书的另一个亮点是富于空间想象力,非常注重地理文化对数学家的影响。他在《数学传奇》序言中写道:"幸运的是,笔者曾利用各种机会,抵达了书中所写到的每个人物曾经生活过的国度,这使得我对他们的人生轨迹有了较为清晰的认识。"如埃及的亚历山大城、伊拉克的巴格达、黎巴嫩(腓尼基)的提尔(毕达哥拉斯的祖居地和数论的诞生地)、意大利的西西里岛(阿基米德的生卒地)、突尼斯的迦太基古城(变分法的传奇故事发生地)、西班牙的托莱多("翻译时代"的中心城市),一处处数学圣地不但被描绘得非常详细,而且多配有蔡天新亲自拍摄的实景照片,将该地的传奇色彩立体地展现在了读者面前。

也正因为如此,蔡天新的著作超越了以往的科普作品,不仅被大中学生和年轻人喜爱和阅读,也被数学工作者所赏识,甚至人文学者也从中受益。2013 年,"前身"《难以企及的人物》就获得了三年一度的教育部人文社会科学研究优秀成果奖,那是被许多名牌大学认定为国家级的文科奖项。

诺贝尔物理学奖得主杨振宁先生曾高度评价蔡天新的这本书:"这是一本极好的科普读物,有动人的故事,有深入的见解,有诗意的感触,也描述了数学王国的美丽与辉煌。"杨振宁还写信给青年数学工作者,敦促其购买或借阅蔡天新的作品。

诺贝尔文学奖得主莫言也在推荐语中写道:"我读过蔡天新的诗和散文,很有文采,知道他是数学教授,更增几分敬意。其实数学与诗歌是有联通渠道的,这本书便是证明。"两位获得过"求是杰出科学家奖"的数学家彭实戈教授和张益唐教授也对他的著作予以高度评价。

从 1990 年写作第一篇数学随笔,到 2003 年出版《数字与玫瑰》,蔡天新自觉地致力于数学文化的研究和传播。《数学传奇》中的所有文章都曾在国内外有影响的报刊上发表,受到各类读者的欢迎,《南方周末》和《读书》杂志刊载了其中的大部分,非大众出版物但在数学圈和大学生中有广泛影响力的《数学文化》《中国数学会通讯》等内刊也刊登了本书的几乎所有文章。此外,其他正式报刊如《新华文摘》《青年文摘》《书城》《新知》《中华读书报》《中国科学报》等也有转载或发表,有的文章入选上海高中语文课外读本和相关读本,有的被译成英文、西班牙文等 7 种语言,发表在有世界性影响的外刊上。在工作之余,蔡天新还应邀到各地做科普讲座,脚步遍及 300 多所大中学校、书店、图书馆、机关和部队等,听众数以万计。

2014年，蔡天新依据书中内容开设的同名公开课入选国家精品视频公开课，在教育部"爱课程"网上线后，受到同学们的欢迎，吸引力胜过许多人文课程，其收视率曾连续12周位居全国三甲。在网易公开课平台上，则有340多万人次收看，诸多网友纷纷"点赞"，不少"从小害怕数学"的网友表示，第一次领略到"数学是人文精神的精华之一，伟大的数学家有好多也在其他文化领域颇有建树"。

在写作本书的同时，蔡天新也完成了另一部著作《数学与人类文明》。此书先由浙江大学出版社作为教材出版，后由商务印书馆出版非教材版，同名课程与"物理学与人类文明""化学与人类文明"一起获得浙江省教学成果一等奖。此外，他的随笔集《数字与玫瑰》一书自2003年由生活·读书·新知三联书店出版以来已有4个中文版本（包括简体字与繁体字版）和1个韩文版本。2017年秋天，《数学与人类文明》的修订版易名《数学简史》出版，获得大众好评，入选2017年度中信出版社"年度十大经典重版图书"，他本人也荣获该社"年度十大作者"称号。

在与数学大师的神交中，蔡天新汲取到了丰富的营养，提升了数学眼界和想象力。过去几年来，他和他指导的研究生及本科生，做了一系列创新性较强的数论研究工作。英国剑桥大学教授、菲尔兹奖得主阿兰·贝克（Alan Baker）称赞他提出的新华林问题及有关的研究工作是对华林问题"真正原创性的贡献"，德国数学家、哥廷根大学教授米哈伊莱斯库赞其发明的一类丢番图方程为"阴阳方程"。他和两位研究生合作完成的关于平方完美数的论文曾是《数论杂志》（*Journal of Number Theory*）史上读者最多的一篇论文。2016年，他的英文版数论著作《数之书》由业内知名的出版社世界科技出版公司（World Scientific）出版。

潜心研究的同时保持创作的高产，寻遍大师的足迹并传播于世人，蔡天新已将各种身份融于一体，在数学的殿堂里越走越深。

"这是需要做一辈子的事。"蔡天新在《数学传奇》的后记里如此写道。

（文：夏　平）

浙大"90后"博导上线

喜欢看美国大片的人应该对好莱坞电影中常出现的一个地名不陌生——橡树岭国家实验室，那里常常被人们冠以"人类科技最前沿阵地"的美誉。浙江大学"90后"博导陈阳康，就曾在此从事博士后工作，并获得过杰出博士后奖。

这名1990年出生的年轻人，回国后选择到浙江大学地球科学学院工作，成为一名"百人计划"研究员。他说，国内的科研环境可以使自己专注于科学研究，选择浙大是因为这里有着极好的学术平台。

跟许多"学霸"一样，都经历过半夜叫宿管开门

27岁时，陈阳康已经是著名SCI期刊——专注计算机科学和地球科学交叉学科的《计算机与地球科学》(*Computers & Geosciences*)，以及应用地球物理学领域的老牌期刊《应用地球物理学杂志》(*Journal of Applied Geophysics*)的副主编。

27岁的他还常年担任25个国际著名SCI期刊的审稿人，且在一些学术组织担任年会的评审人。

1990年，陈阳康出生在江苏南京。2008年他考上了中国石油大

学(北京)勘查技术与工程专业。本科期间,他拿过国家奖学金,本科毕业论文就发表在勘探地球物理学领域顶级期刊《地球物理学》(*Geophysics*)上。在学术竞赛方面,他参加过首届全国大学生数学竞赛(非数学专业类),获得了北京赛区一等奖,进入全国决赛并获二等奖。

虽然有着如此光鲜的成绩单,但陈阳康说自己并不是大家理解中的"学神",而是靠努力一步步走到今天的。

"在国内的学习时光,我基本都是在自习室中度过的。"早晨6点半之前出门,晚上宿舍熄灯11点之后才回,这成为他"雷打不动"的作息。

早出晚归,整日"泡"在自习室,陈阳康晚上回宿舍时,总是"铁将军把门",为此他不得不把宿管阿姨叫醒开门,经常被宿管阿姨说回寝太晚。"我一直坚信勤能补拙,所以我在科研中花的时间相对比较多。"

三年半时间攻读博士学位

2012年本科毕业后,陈阳康到美国得克萨斯大学奥斯汀分校读博。在美国,博士毕业一般需要五年以上,而他只用了三年半的时间就获得了地球物理学博士学位。2015年12月,他来到美国橡树岭国家实验室从事博士后研究。

对于自己的学术成长之路,陈阳康说:"我比较幸运,一路走来遇到了很多优秀的老师和前辈,他们的帮助和指引让我少走了很多弯路。"

读博期间,陈阳康有一段时间和组里的几个同事同时在做一项类似的工作,但是是从几个不同的角度各自开展独立研究,陈阳康认为他们的课题组与这项工作相关的文章会像雨后春笋般一篇篇冒出来。

但是，美国导师却要求课题组几个人合作写一篇分量更重的文章。"起初我有点想不明白，因为我觉得几篇文章合并起来势必会削减我们各自的贡献。"陈阳康后来回忆，博士生导师专门为这件事语重心长地与他聊了很久——搞科学研究要学会多与人合作，与其自己独立写一篇"小"文章，不如和多个人合作写一篇"大"文章。

陈阳康说这是他读博期间最难忘的一件事，也教会了他要多与人合作，并且使他对自己的科研工作有了更加严格的要求。

用专业为地球做CT，他的目的是矿产勘探和深地探测

陈阳康的主要研究成果是开发了一套基于整形正则化约束的多源地震数据分离、成像和反演的理论和技术流程。

就好比医生给病人做CT，地震波成像和反演可以被看作地球物理学家用地震波给整个地球做CT，目的是探究地球内部结构。陈阳康通过多震源地震勘探技术可以成倍提升野外地震勘探数据采集效率，极大节约成本，从而带来数以亿美元计的经济价值。

那么，了解地球的内部结构是为了什么？

陈阳康说，一方面了解浅层的地壳结构有助于石油等矿产开发，保证国家能源储备；另一方面，全球范围的地震波成像可以促进人类对地球深部构造的精确认知，"地壳、地幔、地核的地球内部分层结构就是用类似的方法得知的"；"同时，对俯冲带的精细刻画可以帮助科学家更加准确地分析地震成因，提前预测地震的发生"。野外地震勘探数据采集的就是地下反射界面反射或者折射回来的地震波信息，科学家用采集到的地震波信息，通过求解一个反问题，得到精细的地下结构图。

博士后期间,陈阳康也一直在进行地震成像的研究,唯一差别是计算尺度。博士期间研究的是局部区域,比如一个几十公里范围的勘探工区,而博士后期间研究的是全球范围,了解整个地球内部的结构。尺度的升级带来两个直接的问题——大数据和大计算量的问题。为了解决这些问题,陈阳康着眼于对基于机器学习的地震大数据超级计算的研究。

　　谈及个人兴趣,陈阳康说:"其实我最大的爱好就是科研,做科学研究的过程让我很放松。在搞科研之外,我选择健身来缓解身体的疲劳,增强体力和精力,提高效率。"

　　被问及未来还有什么打算,陈阳康说,目前只想着踏踏实实先把工作做好,将研究中遇到的一些棘手的问题一一解决。

(文:柯溢能)

对科研的热爱无关性别和年龄

许多人因"90后女博导"这一名头而注意到她,可她说:"对科研的热爱无关性别和年龄。"她是杨树,浙江大学电气工程学院"百人计划"研究员,博士生导师。2016年8月,年仅26岁的杨树加盟浙江大学电气工程学院。

16岁进入复旦大学微电子学专业学习,24岁获香港科技大学电子计算机工程专业博士学位,曾任香港科技大学客座助理教授,在英国剑桥大学从事博士后研究。近几年来,她在电力电子器件领域权威期刊、电子器件和功率半导体顶级会议上发表论文60余篇。

杨树所在团队从事的是宽禁带半导体电力电子器件的设计、微纳制造及可靠性研究。电力电子技术目前管理和控制着超过50%的电能,广泛存在于我们日常生活的各个方面,小至手机充电器,大到电网、高铁等。"就像集成电路中的晶体管控制着信号的传输和处理一样,电力电子器件其实控制着能量的传输和转换,它是各种电力装置的心脏。"杨树强调。

电能的"发、输、变、配、用"各个环节都需要电力电子技术实现电压等级或直流/交流模式的转换。电力电子技术的核心是基于半导体材料的电力电子器件。开发高效、可靠的半导体电力电子器件对提高能源使用效率和节能减排意义重大，这也是杨树所在团队的攻坚任务。

在国际上，以碳化硅（SiC）和氮化镓（GaN）为代表的第三代半导体电力电子器件如今正展现出前所未有的市场潜力和应用前景。一片几毫米见方的芯片，能够阻断数千伏的高压，导通几十安培的电流。与传统的半导体材料硅相比，氮化镓和碳化硅具有更大禁带宽度、更高临界击穿场强和更高电子饱和漂移速率，可将器件性能提高几十倍甚至上百倍，有助于实现高能效、高功率密度的功率转换系统，有着广泛的应用前景。

国内在碳化硅和氮化镓电力电子器件方面的研究工作起步较晚，目前与美国、日本等国家相比仍存在一定差距，一些尖端技术被国外公司垄断，学界和产业界都亟须打造具有国家自主知识产权的半导体电力电子器件。

杨树及其团队所研究的基于同质外延技术的新型垂直结构氮化镓器件，能够有效拓展器件的耐压和功率等级，实现更低的导通和开关损耗，克服传统结构所面临的动态性能退化问题。

在浙江大学玉泉校区的电力电子器件实验室，杨树向记者展示了氮化镓和碳化硅器件样品。从外延片开始，经过光刻、离子注入、薄膜沉积、刻蚀、金属化等一系列微纳加工工艺之后，可以制造出耐压几千伏，具备极低导通电阻和快速开关能力的器件，其在智能电网、轨道交通、新能源汽车、消费类电子等领域有着广阔的应用前景。

据了解，氮化镓和碳化硅的许多相关实验都需要在超净间中完成。位于苏州的浙江大学苏州工业技术研究院电力电子器件实验室为芯片制备提供了良好的实验条件。杨树很感激学校和学院的实验平台，以及很多老师和前辈的指引和帮助。她说："我有幸能够加入这样一个优秀的集体，从事自己喜欢的工作。未来的路还很长，我们很珍惜已有的平台，会一步一个脚印走下去，也希望在这个过程中能够为本学科的发展贡献绵薄之力。"

（文：周亦颖　严红枫）

好奇是做研究的原动力

学术出版巨头爱思唯尔（Elsevier）曾基于其旗下的 Scopus 数据库，统计出最具世界影响力的中国学者，并在爱思唯尔科技部中国区网站发布了 2017 年中国高被引学者榜单，1793 名最具世界影响力的中国学者上榜。

在此次评选中，浙江大学外国语言文化与国际交流学院教授刘海涛再次名列其中；同时，他也成为浙大唯一一位社会科学类的高被引学者。

所谓高被引学者，简单来说就是学者的论文被引用次数多，在其研究领域内具有广泛影响力。

作为蝉联五届的高被引学者，刘海涛及其团队在 2014—2018 年发表了 29 篇被 A&HCI 检索的文章，这些文章的 H 指数为 6，名列同期中国大陆高校 A&HCI 论文被引前三。

除了"高被引学者"这个称号，刘海涛还是全世界只有 40 个成员的国际世界语学院的院士。在计量语言学、语言复杂网络、依存语法等领域，刘海涛团队的相关研究多年来均处于国际前沿，在探索语言世界的舞台上亮起了一盏来自中国的明灯。

刘海涛的经历很跨界。他本科学的是自动化专业，后转型成为语言学博士生导师；曾经当过大型国企青海铝业有限责任公司的副总工程师，如今成为浙大校园的"网红教授"。

在他看来，这些转型都源自内心对知识的热爱、对世界的好奇。

"人之所以区别于其他动物，是因为人充满对这个世界的好奇，而学术研究就是满足好奇心的过程。"刘海涛一直保持着对人类语言旺盛的好奇心和探索欲。"我把工作当成一种乐趣，学术研究就是探索一切未知，是我生活中必不可少的组成部分。"他说。

除了热爱与好奇心，强烈的时代感也驱使着刘海涛不停向前跑。

"时代发展很快，计算机、互联网、大数据、人工智能不仅改变了我们的生活，也为我们探索未知提供了新的可能，学术研究也要与时俱进，抓住机遇。学科交叉的趋势改变了原有的研究方式，使用新的研究方式开拓新的学科领地，勇攀学科高峰，这非常重要！"刘海涛反复强调。

在刘海涛看来，语言学是一门探究语言规律的科学，只有掌握了科学共同体认可的方法，并用它找到语言规律，才能得到科学共同体的认可。长此以往，语言学才能成为一门真正的科学。而大量基于人类真实语言的数据、谨慎科学的分析方法，才是这个时代最有说服力的法宝。

"当我们紧跟智能时代，改变研究方式，使用新的研究方法，我们会发现不一样的问题，找到不一样的路径，也就有了新的思考。"刘海涛说。

刘海涛认为，随着社会发展，学科间的分界会变得越来越模糊，学科交叉趋势会越来越明显，学科疆域会越来越宽广，新技术、新路径和新的研究方式也会越来越多。"这是一个大好的时代，不能守着旧的研究方式和思路过一辈子,需要开拓和创新。"他说。

刘海涛所倡导的"多学科+数据密集型"的语言研究方法,在国际上也逐渐得到了广泛的关注与认可。

"作为一个中国人,我常在想,我能为解决人类古老的语言问题贡献哪些智慧和方法呢?"刘海涛认为,中国学者要在国际上努力发声,不仅要跟随世界,还要引领世界。

(文:江 耘 叶 鑫)

"全国五一劳动奖章"的坚守与探索

2018 年 4 月 28 日,浙江大学机械工程学院教师、浙江大学台州研究院机电研究所常务副所长武建伟参加了浙江省庆祝五一国际劳动节暨表彰劳模先进大会,荣获"全国五一劳动奖章""浙江省劳动模范"称号。

武建伟是"土生土长"的浙大人,博士毕业后扎根台州十余年,成为给企业发展出谋划策的"智多星",台州人才引进的"活名片"。

十年磨剑,坚持扎根台州、服务台州

2007 年 10 月,武建伟到台州研究院工作,成为机电研究所(位于台州市路桥区)的主要创建人之一。

十年来,他始终坚持扎根台州、服务台州。在台州研究院、路桥区政府等各级各部门的领导和支持下,武建伟带领研究所克服初建时期的各种问题,逐步找准与企业合作的切入点,明确了研究所的发展方向。

十余年来,他带领研究所从无到有、由弱变强,现已搭建了一支拥有博士、硕士数十人,年申请和授权发明专利十余项,年科研经费超千万的科技服务团队,为几百家企业提供了智能装备、3D打印、企业信息化等方面的服务,成为台州市路桥区高层次人才聚集和科技创新的高地。

自主创新,帮助企业突破技术瓶颈

武建伟团队深入实施创新驱动发展战略,在互联网＋智能装备领域亮点纷呈,帮助多家企业突破了信息化、自动化技术瓶颈,完成了关键时期的优化升级。

在自动化装备领域,由武建伟主持研发的"陶瓷阀芯自动装配生产线"项目攻克了陶瓷阀芯装配中零件数量较多、零件形状不规则、装配作业精度高等诸多难题,将生产效率提高两倍以上,获国家授权发明专利十余项。项目成果备受企业青睐,现已拓展应用到浙江中豪、家得宝、杰克缝纫机、上海爱康集团、伟星等多家企业,间接经济效益超亿元。该项目还入选了台州市第一批"500精英计划",成立了台州市第一家"500精英计划"创业企业,荣获台州市科学技术进步奖。

在互联网、大数据方面,武建伟与浙江彩淑高科技有限公司合作开发了基于互联网的危废收集一体机,利用移动互联网、物联网等先进信息化技术,实现了不同单位的信息集成,优化了危废处置流程,提高了危废处置效率,降低了企业的危废处理成本。同时,武建伟团队将互联网技术应用到多家企业数字化车间的改造和建设中,实现生产装备与ERP等软件信息的集成,提高了企业生产的实时性和智能性。

现身说法,以人才引人才作用凸显

在开展技术研发的同时,武建伟也致力于为台州市经济社会发展引荐高层次人才。

他将自己化身为台州聚才引智的"活名片",以人才引人才的方

式,积极向身边的优秀人才讲述自己十余年来在台州创新创业的心路
历程,宣传台州市力争跻身全省经济总量第二方阵的发展优势和台州
市委市政府为打造"人才生态最优市"所出台的人才政策,有重点、有
针对性地引导高精尖人才加盟台州主导产业和战略新兴产业发展行
列。目前,由武建伟推荐的台州市"500 精英计划"入选者已有 8 人,主
要集中在机电设备产业、高端装备产业领域,为台州建设"制造之都"
输送新鲜血液。

热心公益,树立"新台州人"典范

武建伟所在的机电研究院位于台州市路桥区,有超过三分之一的
人是来自外地、居住在路桥区的"新居民"。如何做好这些"新居民"的
统战工作,是摆在政府面前的一道新命题。

2014 年 7 月,在路桥区政府和广大"新居民"的信任及推荐下,武
建伟被选举为台州市路桥区新居民联谊会第一届会长。其间,他召集
60 多名社团会员,开展困难户慰问、民工子弟学校帮扶、企业义诊、安
全健康宣传等公益活动,同时还组织会员围绕党和国家中心工作建言
献策,让越来越多的新台州人了解台州、融入台州、热爱台州、建设台
州,帮助打造共建共治共享的社会治理格局。

"简单、乐观、担当"——这六个字既是武建伟的座右铭,也是整个
团队的集体氛围。面对荣誉和掌声,武建伟表示:"这是一份激励,也
是一道压力,更是一股动力。我和我的团队将会在今后的研发工作
中,进一步提升科研水平,加快成果转化应用,不忘初心,牢记使命,瞄
准前沿,勇于探索,无私奉献,砥砺前行。"

(文:李希希　杨　怡)

科研"土著"

"在浙大学习的时光是非常丰富多彩的,你们收获的不仅仅是学业,更重要的是在这一人生非常重要的阶段中,你们的能力得到了培养和提高,形成了正确的科研理念和思维方式,同时建立了将来发展所必需的各种联系。你们的科研事业在这里开始启航,人生也走上了更高的台阶。"浙江大学生命科学研究院朱永群教授在 2017 届冬季毕业典礼上这样致辞。

用他自己的话说,31 岁时从一名博士后成为教授,几年来,伴随几届毕业生的离校,他的思想也在不断提高,从青涩向成熟蜕变。

最年轻的重点项目负责人

读研和博士后期间,朱永群去实验室的第一件事情,常常不是做实验,而是与实验室的科研同伴聊进展,经常顺着实验室从一头聊到另一头。朱永群说:"实验室是个大家庭,这样一圈聊下来,我对实验室每个人的进展都有所了解,对自己的实验也有了更清晰的认识,锻炼了自己对科学问题的判断能力。"

朱永群实验室近年来做出了很多科研成果，其实在研究生最初阶段，他对生物学研究是非常陌生的。2002年从南开大学本科毕业后，朱永群被免试推荐到中国科学院生物物理研究所，师从王大成院士攻读博士学位。本科从应用物理学专业毕业的他对从事生物学研究只有向往，但并不了解。

"专业跨度有点大，很多生物基础知识不知道，需要自己去学习。"朱永群回忆道，当时他连最基础的蛋白质电泳实验都不会，于是花了不少时间和精力认真补学生物学相关的知识，在科研过程中也极为刻苦。

"我差不多每周都要通宵两三次，实验进度很快。"读博期间，朱永群的研究方向是结构生物学。每到纯化蛋白质时，总会有一段需要守着实验设备但相对空闲的时间。有的人会利用这段时间去玩会儿游戏，朱永群却利用它来阅读文献。他说："很多人都非常刻苦，我只是其中的一员而已。"

朱永群很早就养成自学的习惯，幼儿园毕业就直接跳级到小学二年级。初中时他是个认真听课但从来不做作业的学生，成绩却是全校第一。"不写作业的原因是我早晚都要放牛，没法写作业。但是我会在放牛的时候看书，很多时候我还会超前学习，其实老师们并不了解我这些情况。"朱永群笑说。这种自己慢慢培养出来的自学能力也对他在高中、大学、研究生阶段的学习乃至现在的科研事业提供了帮助。

建立自己的实验室后,朱永群的时间表依旧很有规律,他以身作则,每天都会尽早赶到实验室,工作至少 11 个小时。在这样的勤奋和努力下,朱永群实验室近年来取得多项重要科研成果,申请到了国家自然科学基金委重点项目。他也是当时浙江大学国家基金委重点项目负责人中最年轻的一位。

开启交叉学科实验室

2012 年,在美国短暂做完访问学者后,朱永群回国到浙江大学生命科学研究院建立自己的实验室。

"因为我们定的目标较高,实验室刚开始的时候,我急于做很多事情。"朱永群说,那时候实验室一口气开启了两个研究方向,理想很"丰满",但现实很"骨感"。"实验室没有几个人,而且都是青涩的、没有任何科研经历的学生,我马上意识到问题比较严重,同时开辟两条战线对当时的我们来说是比较困难的。"

"我们的优势是能够熟练地综合运用生化、细胞和结构等多学科方法,这种多学科交叉的研究方式在国内外并不常见,绝大多数生物学研究同行只会运用其中一种手段开展研究工作。"随后,朱永群精简了实验室的研究方向,运用多学科交叉的研究手段,把研究重点紧盯在病原菌和宿主的相互作用上。

"我的实验室很小,这几年也就六七个人,理想的情况是能有八到十个学生的规模。"朱永群将自己的实验室定位为小而精,避免放羊式地培养学生。

走进朱永群的实验室,目光会马上被黑板上的便笺纸吸引,上面写着每位研究生一周计划的研究内容。"这样使得每个人心中都有一本计划书,便于他们对一周要开展的研究有个总体的统筹,方便他们自己把握实验节奏,"朱永群说,"这也便于提醒我,不断去思考他们可能会碰到的问题。"

这个研究有哪些好玩的地方?科学意义在哪里?有哪些以前的研究没有解决的问题?每当开启一个新课题,朱永群和他的团队首先都会在这些方面进行认真的琢磨。朱永群认为,选一个好的课题有利于学生的进步和实验室工作的开展,定一个高的目标才会使人更加用心地去钻研。

2017 年 10 月,朱永群实验室在《科学》杂志上发表论文,揭示了病原细菌 MARTX 毒素的保守效应因子调节宿主肌动蛋白细胞骨架信号通路的分子机制。朱永群表示,具有 MARTX 毒素的霍乱弧菌和创伤弧菌对人类健康构成了重大威胁,因此该研究对深入认识相关疾病的发生具有重要意义。2013 级博士生黄春峰是这一发现的共同第一作者,她说:"刚开始经历了很长的摸索期,遇到了很多困难,自己总会去想一想自己的目标,努力后发现再多的艰苦也都在不断探索中得到了解决。"

科研训练需要慢慢打磨

朱永群说自己是国内土生土长的科研工作者,他主要的培养过程都是在国内完成的,国外访问学者的经历只是让他了解一下国外的情况,培养学生的经验是从自己国内导师身上学来的。

"我每天都告诉自己,学生们科研训练经验少,需要慢慢打磨。"刚开始看到学生实验进展缓慢,虽然心里很着急,但朱永群总是这样安慰自己。"需要有容人的雅量,更重要的一点是对每位学生一视同仁。

现在我实验室的学生获得了很多种奖项,包括浙大学生最高荣誉——竺可桢奖学金,以及多个国家奖学金。"

曾经有一名学生,尝试去很多实验室待过,没有导师愿意接收他,最后学院把他放到了朱永群这里。这名学生经过朱永群的指导,科研进展不俗,一项研究成果发表在《美国国家科学院院刊》上。朱永群是如何做到的?他手把手教这名学生开展科研。学生实验步骤设计不好,朱永群就亲自设计好;学生实验样品准备不好,朱永群就与他周详讨论。朱永群发现,这名学生非常勤奋,于是朱永群定好一个标准,鼓励他花更多的时间不断改善,最终达到相应的要求。有的或许别人一遍就能完成的实验,朱永群鼓励他多做几次,不要担心实验耗材。经过这样不断地练手,这名学生最终被锻炼了出来。

"学生都还是年轻人,存在缺点是正常的。"看着比自己小十来岁的学生,朱永群总是打趣说,科研训练的过程需要包容的心态,要把学生当作自己的小孩一样看待。

"打打气"和"泼泼冷水"是他指导学生的"看家法宝"。当学生对课题感到迷茫时,他会"打打气"鼓励大家,让他们认识到成功的希望;当有的学生盲目自信、偏离研究航道时,他会及时"泼泼冷水"点醒他们,避免他们陷入迷途。

"导师的责任比学生的要大。"这是几年来朱永群从一名青涩的博士后成长为成熟的科研工作者最大的体会。谈及对学生的期待,朱永群希望他们当中有人将来能够建立自己的实验室,也成为教授,超越自己。"只有学生超越了自己,那才算是一位成功的导师,才发挥出了一位教师的最大价值。"

（文：柯溢能）

法理学研究要实现转型升级

就如教材是教学的基石，法理学是法学的基石。当两种基石合二为一时，法理学教材对于法学的重要性自然也就不言而喻了。

2018 年 7 月 20 日，"法学范畴与法理研究"学术研讨会在长春召开。由浙江大学文科资深教授张文显主编、高等教育出版社出版的《法理学》第五版（以下简称高教版《法理学》），也在这一天正式出版发行。

对于全国各地学法律的学生来说，张文显这个名字是相当亲切而熟悉的，他们在大一一开学就会上"法理学"这门课。从 1999 年的第一版到 2018 年的第五版，张文显始终肩负着编写教材的重任。他编写的教材伴随着一届届法学生从书斋走向社会。也难怪，无论张文显走到哪里，都会有人说："张老师，我是读着您的书长大的。"

新时代下的法理学教材

高教版《法理学》的这次修订再版，立足于全面依法治国新时代、法理学研究新时代、法学教材建设新时代，致力于法理学教材的法理化、科学化、时代化三重历史任务，力图推出一本守正出新、法理泛在、面目清新的新时代法理学教材。

"这是我们倾注一年多心血修订的,实现了转型升级。"张文显每谈到这版教材,目光中都会流露出对它的深情期待。

一部教材史也是中国法学的成长史。高教版《法理学》教材修订的每一步,都是中国特色社会主义法治建设不断前进的一步,也是法理学学科走向成熟完善的一步。从 2012 年党的十八大作出"全面推进依法治国"的决策部署到党的十九大进一步把"依法治国基本方略"转换为"全面依法治国基本方略",把全面依法治国提升为新时代坚持和发展中国特色社会主义的基本方略,法理学教材的编写一直紧紧跟随着时代发展的脚步。

《法理学》的本次修订,把习近平新时代中国特色社会主义思想,特别是习近平总书记关于全面依法治国的重要论述全面融入教材之中,充分体现了 2012 年党的十八大以来中国特色社会主义法治理论的最新成果和法治建设的最新经验,精准系统地贯彻了中国特色社会主义法治理论和法学理论,着力呈现法理学教材在新时代应有的理论风貌和使命担当。

"一门科学提出的每一种新见解,都包含着这门科学的术语的革命。"针对"法理"在我国法理学知识体系、理论体系和话语体系中缺席或半缺席的状态,张文显明确提出了法理学的研究对象应当是法理,法理学应是"法理之学",并将这一核心思想纳入此次法理学教材的修订中,试图从根本上构建以"法理"为中心主题、以"法理"为研究对象的法理学教材,实现从法学基础理论到法理学的真正转型升级。此次修订,将法理贯通全书,突出"法理"在法理学教材体系中的中心地位,打造法理泛在的法理学教材。至此,法理学不再是"独上高楼,望尽天涯路"的空洞概念,而是真正给出了"蓦然回首,那人却在灯火阑珊处"

的解答。从"法之学"到"法理之学",这一转型切中时弊,是带有方向性的教材体系变革。

"可以用时代定位、与时俱进、转型升级、兼容并蓄、教学相长这五个词来概括这次修订。"张文显指出,新时代法理学教材建设不仅要充分反映和体现当代中国法治建设和法学研究的新成果、新成就,还要高度重视和深入研究新时代法治人才需求新趋势、学生思想新特征、法理学教学环境新条件等问题。"比如在语言表达上,我们注重把政治文件话语转化成学理化的教材语言,更加注重使用引导性的语言来提升教材的说服力。"

高等教育出版社出版的法理学教材是国家精品教材,在高校普遍使用,所以编写小组对于修订格外重视。本次修订统稿小组的学术秘书、浙大光华法学院博士后徐清始终把主编的告诫牢记于心:"教材必须形成共识、凝聚共识,规范性高,要让学生看不到瑕疵。"参与本次修订工作的统稿小组成员、刚刚入站光华法学院的博士后郭晔,对教材的兼容并蓄很有感触:"没有一本教材能像'红宝书'一样,让我们在初入大学校园时,就深刻体悟到中外法学思想的碰撞、古今法学学说的滋养、实践与理论的交融,我们是幸运的。"

据了解,此次修订版正式出版发行后,张文显领衔的编写小组将组织理论培训会,给 300 位来自全国高校的优秀中青年学者、教师做新版教材的使用培训。

带着"金钥匙"南下浙大

2015 年 1 月,张文显加盟浙江大学,受聘为文科资深教授,并任浙大司法文明协同创新中心主任、浙大光华法学院名誉院长。

这在当时的法学界引起了一场轰动。张文显是中国法学会党组成员、副会长、学术委员会主任,曾任吉林大学党委书记,国家二级大法官,吉林省高级人民法院院长、党组书记等职。花甲之年为何突然选择"南下"浙大?这让很多人想不明白。其实,张文显与浙大的缘分颇深,之前他就先后受聘为浙大兼职教授、浙大光华法学院教授委员会主席等。

"来到浙大,不为名誉,不为权力,不为利益,就是为了在更好的生态环境中为浙大光华法学院、中国法学做更多事情。在学术人生的转折中,我选择了浙大光华法学院,实践将会检验选择,时间也会证明我的选择是正确的。"

张文显不仅把自己带来了,还带来了一把"金钥匙"——"2011计划"。张文显是国家"2011计划"·司法文明协同创新中心理事长兼联席主任,这个中心是"2011计划"中唯一一个与法学相关的中心。在聘任仪式上,国家司法文明协同创新中心宣布,浙江大学成为继中国政法大学、吉林大学和武汉大学后国内第四所协同高校。

来浙大后的工作,就从这样一个高起点开始了。

每年张文显都会在浙大招收几个博士研究生和硕士研究生,带着他们一起做些前沿性的研究,比如研究习近平总书记关于全面依法治国的重要论述,特别是党的十八大以来习近平在哪些方面创新发展了中国特色社会主义法治理论。

虽然工作很忙,但张文显总是尽量抽空指导学生,吃饭的时候,坐车的时候,都是他的工作时间。如果参加学术会议,他也会带上自己的学生,让他们去开开眼、亮亮相。

从本科三年级开始就跟随张文显的博士生郭栋说:"张老师非常强调要传承特定的学术风格,即宏大叙事、抽象理论、哲学思辨、中国特色、权利本位。遇到问题的时候,我难免会感到困惑彷徨,张老师总是让我多读经典，他说，做学问是一辈子的事，不能急于求成。"

前沿、高端，一直是张文显非常强调的。

比如，在他的倡导下，浙江大学每年都会举办一次"法治与改革国际高端论坛"，邀请世界一流大学的法学名家来共同探讨业界前沿问题。该论坛已逐渐成为推进"法治与改革"理论提升、推进中国法学对外开放的重要品牌活动之一。

"我希望能通过一些措施来推进大家向高端的研究发力，比如在职称评聘的衡量标准上，我们比较看重高水平的研究成果和高层次的研究项目，这些都是给老师们的一个导向。"

在张文显的率领下，法学院师生共同努力，在学术科研、智库研究等方面均取得了不少新的突破。

"在张老师的带动下，我们年轻老师的项目意识、高水平成果的意识和智库意识都普遍提高了，而且浙大和其他顶级高校的学术联系也更加密切了。"法学院赵骏老师说。

"三剑客"里的大师兄

说起这次在长春召开的学术研讨会，让人回想起三十年前的一场盛会。

1988 年的仲夏，面对当时我国经济社会发展对传统法学体系提出的挑战，回应"法学幼稚"的断语，"法学基本范畴研讨会"在长春应势而开。一批来自全国各地法学研究与教学一线的有识之士，为构建一个与商品经济和民主政治相适应的法学理论体系，齐聚一堂，集思广益，提出了"以权利和义务为基本范畴重构法学理论体系""法学应是权利义务之学"等一系列富有时代气息的科学命题，以及"权利本位""义务先定"等学术论断。那次会议的理论成果引领了一个时期中国法学的研究思潮,在三十年间为建构并完善中国特色社会主义法律体系和法治体系提供了智力支持,构成了当代中国法学理论体系的重要成分。

张文显就是这次研讨会的主要策划者和召集人之一。以他为首的法理学家所提出的新范畴被认为是法学领域的一次思想解放。"一个学科,如果没有理论体系,没有话语体系,没有知识体系,这个学科就没有资格称为一个学科。所以,我们当时认为,首先要解决这个问题。"一位著名法学家在回忆起1988年的那场思想对话时说道:"三十年前那次研讨会,推进了法学范畴体系和法学理论体系的建构,为中国法学特别是法理学的科学化、现代化做出了历史性的贡献。它值得我们永恒地纪念,它的成果值得我们不断巩固和发展,会议精神和会风也值得我们发扬光大。"

在那之后,张文显发表了一系列有关权利本位、权利与义务研究的论文,这些都被大家高度认可。他与郑成良、徐显明被称为"中国法理学三剑客"。张文显因为年龄稍长,且是师门中第一个研究生,自然被称呼为"大师兄"。

张文显的履历相当丰富,既当过教师、学院院长乃至学校党委书记,也当过高级人民法院院长,处理过一些"打黑"等大案要案。这些都给他增添了很多传奇色彩。至今,他发表的论文大概有360多篇,出版的个人专著有10多部。就在2018年的四五月份,他先后在新华社、中央电视台、《人民日报》、《光明日报》和《法制日报》等权威媒体多次亮相。如此高效的工作,张文显说,秘诀就是把别人玩的时间用来做研究。

张文显认为,对于中国特色社会主义法治理论的形成,浙江有很大的贡献,特别是习近平总书记的法治思想的萌发地就在浙江,所以浙大光华法学院有义务和责任把这些理论梳理好、总结好、丰富好、创新好。

"我目前正在做的两件事是研究中国法治四十年和中国法学四十年。这四十年的历程（时间和历史节点）、轨迹是什么,基本经验是什么,非常值得我们来做一个系统的理论分析。"

（文:吴雅兰）

山间菌子治愈贫困顽疾

近些年的每年 6 月至次年 1 月,是云南景东县的刘华最忙碌的时候。他所在的合作社采集的野生菌小香蕈,每天都要从云南省景东彝族自治县被连夜送往普洱、大理这些城市,成为游客们口中的野味珍馐。

在 2013 年前,刘华从没有想过让这些祖祖辈辈的佐餐美食原汁原味地走出大山。2013 年,浙江大学与景东县结成"定点帮扶"的对子,浙江大学食用菌研究中心陈再鸣副教授一次次来到景东县,"高科技"让深山里的野生菌走上东部沿海平常人家的餐桌,也让刘华们的钱包鼓了起来。

科技帮"智",教授实验室搬进大山

初到景东,陈再鸣很为当地的野生菌资源利用现状担忧。

得天独厚的菌物生长环境,让景东县成为云南"真菌王国"中一颗璀璨的明珠。但新鲜野生菌极易变质,很难走出大山。

2013 年,陈再鸣在一次偶然的情况下发现了景东特有的珍稀野生菌小香蕈。"我记得很清楚,那年 5 月 19 日一场大雨过后,我在路边的树桩上看到几个小香蕈。"要想把种质保存下来，就要立刻将纯菌丝分离。陈再鸣连夜赶到当地县城职业学校尚未使用的组培室，开箱搭实验台，当夜 12 点多成功分离出几支纯小香蕈菌种，带回浙江大学实验室。3 年中，陈再鸣一边驯化一边研究其相关生物学特性，终于获得小香蕈纯菌种，成功完成人工驯化栽培。

这一经历让陈再鸣深深觉得，必须有一个实验室，摸清景东县野生菌"家底"，才能有计划地为当地独特的食用菌产业拓展一片新天地。说干就干，"浙江大学—景东野生菌资源保护实验室"在哀牢山海拔 2300 多米的国家级自然保护区建立。

近 3 年，陈再鸣每年都有 30 多天到景东工作，但毕竟山高路远，"培养本土人才，才能变'输血'为'造血'"。好在每年浙江大学都接受来自景东的挂职干部，办党政干部研修班，为教师、医生和科技人员做指导培训。

2015 年景东县自然保护局来了 3 个年轻人，陈再鸣很快将他们请到实验室，进行为期 3 个月的专业技能培训，使他们基本掌握了野生菌调查、驯化和人工栽培的实验技能。"这样，在本土人才的培养下能够提高实验室的使用率。"浙大的实验室和景东的实验室连通了远程可视系统，"只要网络信号正常，我都可以通过屏幕观察他们的工作状态，实验过程中还可以实时答疑"。

如今，陈再鸣和他的团队已经成功驯化了包括小香蕈、珍稀白肉灵芝、大红菌等在内的 5 种野生食用菌，检测收集了 200 多种景东大型真菌资源样本。

产业扶"贫"，守着青山变金山

"第二步，是如何将野生菌合理转化为农民实实在在的收入。"作为景东县野生菌首席专家的陈再鸣开始在野生菌的商品性和市场力上动脑筋。

解决野生菌的保鲜问题，除了影响风味的冷冻处理技术，就是缩短山间到舌尖的路上运输时间。景东通往外界的高速公路还在修建中，所以陈再鸣首先想到的是缩短从采摘到装车运输的时间，他决定采用在东部地区非常成熟的集约化人工栽培技术。

要做大"林下经济"，陈再鸣想到了合作社。刘华正是陈再鸣找到的第一人，他是景东县药食用菌合作社的负责人。"要通过致富能手，促进农民与产业的联系。"

将实验室驯化成功的菌种交给刘华并由其合作社进行扩繁，制成可供直接栽培的菌袋，卖给当地农户进行林下栽植。等到了收获的时候，再由合作社统一收购。产业化种植，解决了野生菌无序利用的现状，加速了从收获到装车的过程，为野生食用菌走向远方赢得时间，产品市场就变得广阔。

"在陈教授的帮助下得到了更好的菌种，提高了菌袋成品的质量。"刘华说，"在种植过程中遇到技术难题还可以向他请教，之前哪敢想象自己与浙大专家有交集。"

为了保持野生食用菌的好风味，陈再鸣进行了仿生态栽培，将已经培养成熟的菌袋放至景东不同的生态林地,而下一步就是促进人工栽植野生菌的产业化。

陈再鸣还指导建立了景东县多个合作社的扶贫联合体,共建立了7个食用菌基地。截至2016年,相关食用菌栽培总面积达100余亩,带动周边农户210多户,预计合作社社员户均增收7100余元。

陈再鸣感慨,"扶",就要真的俯下身子。首席专家不是去"走马观花",也不是只动动嘴皮子,要不然对不起自己的职责使命。

众人拾"柴",引进资源示范引领

高产孢子粉的赤灵芝非常适应滇西南独特的地理环境,长势极好。破壁孢子粉功效良好,在保健品市场上具有一定的竞争力;而且,灵芝孢子粉产业链长,可以带动多个领域共同开发。2014年,陈再鸣向当地政府提出了种植赤灵芝的建议。

面对高额的预期收入,农户们却无动于衷。

陈再鸣想到早年与农民打交道的经验,从2004年起,陈再鸣就一直担任浙江省仙居县的科技特派员。"农民靠天吃饭,不敢轻易冒险,因为地里种的是一家人的希望。"

于是,陈再鸣首先引进浙江的两家合作社去景东种植赤灵芝,为农民建立示范基地,并且通过雇用农户,为当地增加了60余个就业岗位。

有了产品,陈再鸣又引入浙大校友企业,定点收购灵芝孢子粉,让种户吃下"定心丸",解除他们的后顾之忧。自2015年起,当地合作社也开始种植赤灵芝,有人工驯化栽培基地5处,栽培面积约60亩。

"技术、人才、资本,是景东摘掉贫困帽子的三大法宝。"陈再鸣说,"技术我可以掌握,人才我们可以培养,资本就只能靠社会化运作。"浙江大学校长基金已经支持了包括食用菌、核桃、乌骨鸡、滇西南高原山地农业立体开发等 4 个景东产业科研项目。

下一步,陈再鸣的目标是,让产品变成品牌,走出大山,走得更远。

（文:柯溢能　张飞宇）

让景东乌骨鸡变身金凤凰

　　凌晨 5 点打车前往浙江杭州萧山国际机场，乘坐航班到大理，再转乘大巴，天黑时分才到达云南省景东彝族自治县。从 2013 年起，浙江大学农业技术推广中心教授尹兆正每年都如此奔波七八趟，几乎隔一个月就到景东见他的"亲戚"。

　　根据教育部滇西定点扶贫工作总体部署，浙江大学自 2013 年起开始定点扶贫云南省普洱市景东彝族自治县。该县 13 个乡镇中有 7 个是贫困乡镇，其中有 4 个是建档立卡贫困乡镇。

　　浙江大学在这里要破解的重大课题是带动景东百姓精准脱贫奔小康。

"一头扎进鸡窝里，一心扑在鸡身上"

　　尹兆正在去云南景东之前，已经是远近闻名的"鸡司令"。到景东的头一年，他就被聘为景东乌骨鸡产业发展首席专家。

　　面对景东贫困的现状，选择怎样的扶贫方式，才能达到精准扶贫、精准脱贫的目标？经过多次实地考察调研、专家论证，学校确定了以产业扶贫为重点，教育扶贫、医疗扶贫跟进的扶贫工作总体思路。打造"普洱茶、景东鸡"特色品牌成为重要选择——在景东,90%以上的建档立卡贫困户的主要生计之一就是养殖乌骨鸡。

景东无量山乌骨鸡毛脚、绿耳、体大,肉质细嫩,营养价值高,备受当地消费者青睐,早在 2010 年就被列入《中国国家级畜禽遗传资源保护名录》。景东县为了做大做强乌骨鸡,还专门成立了乌骨鸡产业发展办公室。

守着"金凤凰",但当地村民并没有致富。尹兆正到景东的第一件事情就是展开调研,探明"穷根"。

尹兆正每到一地,村民们都会拉着他去自家的鸡舍,看家养的"土鸡"。由于缺乏科学养鸡的技术和经验,说是"鸡舍",其实就是贫困户们在门前屋后自搭的狭小又低矮的原始鸡窝,有的甚至还建在柴火堆下或者羊圈里。因此每到一处,尹兆正不得不俯下身子,趴在地上,才能观察鸡只的体质和生长情况。当地有一句顺口溜形容尹兆正的忘我工作,"一头扎进鸡窝里,一心扑在鸡身上"。

景东县副县长石凤阳表示,作为一名科技人员,尹兆正为县里带来了先进的养殖技术和理念,还展现了务实奉献的精神品质,"他是我们景东无量山乌骨鸡产业发展的导师,是精准扶贫的践行者,景东人民非常感谢他"。

近年来,浙江大学设立扶贫专项经费用于定点扶贫工作的组织与实施,每年安排校长基金支持景东产业扶贫技术的研究与开发。学校成立浙江大学"中国减贫与发展研究中心",重点开展扶贫理念研究和实践探索。尹兆正和同事们凭借自己的调查研究,通过"科技引领、品牌提升、模式创新"一套组合拳,助推景东特色产业发展,从而带动精准脱贫。

调研中最令他感到心痛的就是种鸡产蛋率低,苗鸡成活率低。由于缺乏系统选育,加上育雏环节采取的是土法炕道式保温方式,手伸过去抓到的苗鸡不是病恹恹的就是湿漉漉的,苗鸡的体质差,成活率低。"浙江一些经选育后的乌骨鸡品种,一只母鸡正常年产蛋可达100只以上,而景东乌骨鸡一只种鸡每年产蛋只有60只左右,有的甚至只能生产40来只,这无形中大大增加了景东乌骨鸡苗鸡的生产成本,当务之急便是要开展种质提纯和提高。"尹兆正找到了推动产业化的钥匙,那就是科学养殖,核心就是良种选育。

"千年修得同船渡,百年迎得浙大来"

如何科学养殖,在尹兆正来景东之前,可以说是一片空白。

尹兆正心里明白,推广科学养殖不仅要让村民摒弃原有的养殖传统、改变思维,还要增加设施等方面的投入。于是他先从几家龙头企业开始,打造景东乌骨鸡产业。他首先指导当地建设种鸡场,结合市场需要开展种鸡不同羽色的整理分群,进行性能测定和持续选育,从规划、建设、设施改造到种鸡培育,尹兆正都倾注了心血。于是机械化、立体的笼养模式确立了,不同羽色和性能的高产种群确立了,优质、抗逆、生命力强的苗鸡供上了。

同时,尹兆正还针对企业和养殖大户进行种鸡选育、人工授精、机器孵化、育雏脱温、商品鸡养殖及销售等全程技术指导和服务,有效提升了全县养殖技术水平和产业层次,提高了种鸡繁殖性能和鸡只饲养成活率。

文井镇清凉村丙寅山毛脚乌骨鸡养殖农民专业合作社种鸡场于2014年建成,这个种鸡场的场长梁快就是被尹兆正从产业链下游劝来建设的。在这之前,梁快是远近闻名的活鸡贩运高手,每年经销的景东乌骨鸡多达20余万只。然而梁快从各方收来的景东乌骨鸡体形长相常常是"五花八门"。于是,尹兆正鼓励他自己办一个种鸡场。这个看似"乾坤大挪移"的规划,其实有他独特的设计和思考。"我就想通过梁快熟悉养殖户和市场的优势,让他从种苗生产这一核心源头优化乌骨鸡的品牌和质量。"尹兆正说,"浙大科技专家到景东帮扶产业,要善于从源头做起、点面结合、重点推进,通过品种选育等核心技术注入及成果转化应用,抓好种鸡选育和鸡苗培育,提高优质种苗的覆盖度和产品质量,才能促使产业兴旺。"

几年来,安定镇沙拉村景东普红园乌骨鸡养殖合作社、锦屏镇农兴乌骨鸡种鸡场等景东乌骨鸡现代规模种鸡场相继建立,其生产的优质鸡苗在市场上十分抢手,与此同时,尹兆正和团队探索建立了乌骨鸡"种鸡培育—集中育雏—生态放养"的产业扶贫新模式。2017年景东乌骨鸡出栏431万只,比浙大定点扶贫前的2012年年末提高200%以上,实现产值3.4亿元,帮助带动建档立卡贫困户19177户,带动脱贫人口65401人,乌骨鸡产业扶贫取得了显著成效。

经过几年的发展,村民们把尹兆正看作浙大派来的"致富天使""科技财神爷",他走到哪儿都有村民拿出陈年佳酿要款待他。不同于刚来时当地村民因为贫困而拿不出东西招待,这些年养鸡赚钱了,村民们拿出的全是自家最好的东西。尹兆正走进谁家,就马上有一种"过大年"的感觉。

走在景东乡间,总有人感叹,"千年修得同船渡,百年迎得浙大来"。

在景东的扶贫实践中,浙江大学探索创建了"高校＋政府＋企业＋合作社＋基地＋贫困农户"的"六位一体"产业扶贫运行模式,通过内引外联,整合资源,建立开放式帮扶体系,进一步带动产业发展,帮助更多贫困户脱贫致富。"这种扶贫联合体最大的意义在于,市场和风险由企业承担,农户(贫困户)的利益得到根本性的保障。"

浙江大学通过制定五年扶贫规划和年度工作计划,明确目标和任务,分工到部门和相关学院,责任到人,做到有计划、有考核、有总结;同时相继出台、完善相关文件,建立考评机制等,对扶贫工作进行监督检查,确保工作有效落实。

留下"走不掉"的首席专家

从教 28 年的尹兆正指导过博士生,培养过一批研究生,却没有收过一个徒弟。要说真正意义上的第一个徒弟,还是 2014 年在景东收的。

收了徒弟,自己不在景东的时候,农户的具体技术问题可以由这些徒弟教起来、帮到位,带动一批人。尹兆正这么想着,也就跨出了收徒弟的第一步。"做梦都没有想到会攀上浙江大学这门'高亲'。"尹兆正的徒弟、普红园乌骨鸡养殖合作社的负责人阿红军说,"遇到技术难题我们都会请教尹老师,之前哪敢想象自己与浙大专家有交集。"

与此同时,尹兆正每年至少举办两次养鸡标准化培训,还要办现场操作培训。培训班设在哪儿？尹兆正直接开在养鸡场,开在农贸市场里。

如何判断鸡性成熟？怎样鉴定高产鸡？如何做个体选种？听着技术难题,尹兆正伸出手指,边比画边教大家测量乌骨鸡腹部的耻骨间距。"这项选种技术其实很简单,但非常实用,当地农民却不了解。"尹兆正教的都是简单易学但又非常重要的技术内容。

他还与景东县农科局方面一道制定了一套《景东无量山乌骨鸡养殖综合技术规范》,当地村民可以照着规范饲养乌骨鸡。"提高科学养殖水平,不怕教会徒弟饿死师傅。大学总要有一些特殊的担当,科技人员总要做一些别人不愿干的事,扶贫工作尤其如此。"尹兆正说。

在研究生培养中,尹兆正也考虑了"扶贫"这一培育乡土人才的领域,学生中有人就是以景东乌骨鸡为研究对象,筛选鉴定生长、繁殖等关键基因用于辅助育种工作的。尹兆正说要给学生们创造亲近土地、直面产业的机会,"对农村有了解,对产业有接触,才能找到好的课题,取得好的成果"。

在浙江大学,正有一批批像尹兆正这样的科技特派员涌向精准脱贫的产业一线,根据自身学科的优势,结合地方资源和产业基础,帮助原有特色产业做大做强,生动诠释着"将论文写在祖国大地上"。

打开他们的工作链,不难发现他们所在的学科、学院也融入了这一系统工程,形成"一人下乡,全员支持,全校关心"的格局。浙江大学根据公益性社会服务工作的特点改革职称评定,实行"推广研究员"制度,并将科技特派员工作纳入考核和评聘中,使特派员们有更多的精力从事农业技术的推广与应用。

(文:柯溢能)

两篇 *Nature* 论文一个娃，拿下浙大最高奖学金的 "90 后" 博士生

在求是园，有一位决心破解抑郁症科研难题的博士生，他有让课题 "起死回生" 的本领，有发表两篇 *Nature* 论文的经历。他是辩论队队长、专业级唱将，是师弟师妹眼中的 "天使大哥"，还是学业家庭双丰收的年轻爸爸。

这个在忙碌的科研生活中不忘种植幸福的男孩，还摘得学校最高级别的奖学金——竺可桢奖学金，他就是浙江大学医学院 2016 级博士生董一言。

满腔热情，他选择朝着医学方向奋斗

"你这么活泼好动，能坐得了科研这张'冷板凳'吗？还是考虑一下那些跟人打交道的专业吧。"

"医学研究对人类最直接有利，如果这个领域真像你说得这么沉闷，那我不妨做那个提供新鲜血液的人！"

2011 年夏天，刚刚结束高考的董一言在被招生组泼了一盆冷水后，仍然毫不犹豫地填报了旁人看起来 "既枯燥又没'钱途'的" 基础医

学专业。两个月后,他如愿以偿,进入北京大学医学部学习。

怀着满腔热血的董一言在两年之后迎来了科研生涯的第一个转折点。2013 年 9 月,作为北医第一批学员,他加入北京大学生命科学学院强化挑战班。在这里,曾因日复一日机械性学习而备感苦闷的董一言再次燃起从事科研工作的希望和热情,而且这把火烧得更旺、更持久。

董一言发现,挑战班的同学们不仅可以自如地中英文切换进行交流,对学界"大牛"和他们最新的研究成果也如数家珍。同学之间的谈笑风生,国际顶尖学者的专题讲座,参加国际会议的机会……因为挑战班,他看到了不一样的风景。

2014 年 3 月,浙江大学求是高等研究院、医学院双聘教授胡海岚应邀到北大挑战班指导光遗传学领域的文献交流会。第一次见到未来导师的董一言瞬间被吸引,"胡老师让我认识到,科学家原来可以这么有魅力,不仅年轻有为、平易近人,颜值还非常高!"

这年暑假,在胡海岚的推荐下,董一言到加利福尼亚大学伯克利分校的 Kristin Scott 实验室进行交流。在这里,他从零开始学习果蝇的基本遗传学操作,在 1 个月的时间里,董一言每天的工作时间长达 14 个小时。为何有这么高的热情?董一言说,因为他遇到了一位手把手教他的"天使大哥"。

"天使大哥"尼可拉斯·乔尔金(Nicolas Jourjine)其实是实验室里的一位博士生,他不仅极具科研天赋,还十分耐心细致。"实验室氛围非常平等,大家有问必答,乐于分享。即使是像我这样的本科实习生,大家也会当作正式同事来对待。"觉得自己遇到"天使"的董一言希望成长为同样的人,而现在的他也承担起了实验室带新人的工作,被称为"移动的数据库"。

在挑战班期间，董一言获得了3次参加国际会议的机会。能够和全世界顶尖的科学家们面对面交流，董一言满心激动。与此同时，他也给自己提了一个要求——每场报告会都要提问。"能够提出问题就证明自己在思考，这其实是检验听讲效果的一个途径。"这个喜欢发问的小伙子吸引了不少人的关注，2018年2月，中国科学院神经科学研究所高级研究员仇子龙评论胡海岚课题组在 *Nature* 上发表的两篇文章时就写道："对于中国科学的未来，我还是非常乐观的。在这两篇文章的诸多作者中，我看到了许多未来之星，有北大本科未毕业就在国际学术会议上用流利英文提问的董一言……"

科研2.0时代：让课题起死回生，发表两篇 *Nature* 论文

"加入胡老师的团队后，我才真正'登堂入室'，进入科研2.0时代。"董一言清楚地记得，2015年2月2日，大四的他从北京南下上海，追随胡海岚教授进行科研实习。从那时起，他开始系统培养科研思维，全链条把握课题各环节。

"做科研不能只顾着自己的兴趣，也得有实际意义。如果只是因为喜欢小草就去研究小草,就太自私了。全球有 3.2 亿抑郁症患者,每年有 80 万人因此自杀。2017 年开始,抑郁症已超越癌症和心脏病,成为致残的'头号杀手'。但相比抑郁症的来势汹汹,现有药物对至少 1/3 抑郁症患者完全无效,并且最终会有一半以上患者复发。做个简单的计算,全球有 1.1 亿患者完全无药可医,1.6 亿患者最终复发。想要治愈抑郁症,就需要研究清楚它的发病机制,掌握抑郁的神经密码,从而针对性地开发药到病除的好药。"

"胡老师的实验室只有大课题,要想成为一个好的 leader,不仅要努力做实验,更需要分析思考、组织协调。"加入课题组后,董一言开始主导课题"压力之后的及时放松——抑郁症预防的天然策略"。他希望跳出现有的治疗框架,为临床提供切实可行的预防思路。

这个课题听起来就非常有趣,很多人会问:抑郁症还可以预防?依靠的还是一种"天然"的手段?董一言说:"是的,'及时'是这个研究课题的关键词。"

在推进课题的过程中,董一言经历了不少波折。2015 年 6 月接手课题后,在将近一年的时间里,他都在不断尝试和改进实验方案,一直处于质疑和焦虑中;直到 2016 年 3 月才摸索出一套比较理想的实验方案。然而样本数不够,实验结果的可靠性仍然画一个问号。看到实验进展如此不顺,师兄、师姐甚至导师胡海岚教授都曾多次劝他换个方向,但董一言不想轻言放弃,在一次次失败后悉心分析、力求改进,直到 7 月,他终于取得积极、可靠的结论。大家都说,是他让这个课题"起死回生"。

2018 年 2 月 15 日,*Nature* 同期刊发胡海岚团队两篇研究长文,文章揭示了氯胺酮的快速抗抑郁机制,破译了抑郁症的神经密码,推进了人类关于抑郁症发病机理的认知,并为研发新型抗抑郁药物提供了多个崭新的分子靶点。

作为两篇文章的共同第一作者和第四作者，董一言通过光遗传技术，证明了外侧缰核神经元的簇状放电可以让一只正常的小鼠瞬间变得抑郁，从而为团队破译抑郁症的神经密码贡献了关键证据。

董一言的工作是证明外侧缰核的簇状放电是导致抑郁症的充分条件，这并非易事。2011年，世界著名神经科学家罗贝托·马里诺（Roberto Malinow）发现，外侧缰核的过度兴奋是抑郁症产生的必要条件，但外侧缰核究竟用什么样的电活动编码抑郁信息，一直是个谜。2012年开始，全世界有很多实验室报导了用光遗传技术激活外侧缰核能使动物产生厌恶情绪，但是不能产生抑郁症状。

在一系列坚实的实验数据的基础上，团队猜想簇状放电就是外侧缰核编码抑郁信息的方式。但是董一言发现，传统的光遗传激活手段无法在外侧缰核产生簇状放电，在细致分析的基础上，他决定运用"反弹原理"，先短暂地抑制外侧缰核神经元，随后让其反弹，从而产生簇状放电。令人惊喜的是，这种反弹的簇状放电非常类似于抑郁状态下外侧缰核的簇状放电，而且能够让正常小鼠瞬间抑郁，这表明外侧缰核簇状放电确实是编码抑郁信息的电活动。董一言的工作大大推动了团队抑郁症研究课题的进展。

辩论唱歌两不误的他，是师弟师妹的"天使大哥"

一生遭受抑郁症折磨的英国前首相温斯顿·丘吉尔曾把抑郁症比作一条一有机会就咬住他不放的黑狗。对抑郁症感兴趣的董一言现在仍怀抱初心，希望驯服抑郁这条"黑狗"，为维护人类健康添砖加瓦。

这样一个专注科研的男博士，却跟"沉闷""无聊"这些字眼完全挂不上钩。他不仅带得了辩论队,还是专业级唱将。

"我最爱的还是唱歌,因为它不仅是一种全身心打开自我的过程,也是一种成本最低的放松和表达的方式。"董一言在大一时通过北大医学部十佳歌手大赛崭露头角;大二参加北大医学部圣诞晚会时受到罗艳洁老师关注,并被邀请到她最新组建的北医爱乐团接受专业训练。两年的时间里,董一言除了日常训练,每天都会抽出一个小时来练习发声。他说,每首好歌里都有一个巨大的世界,一首好歌可以让生活慢下来。而现在,他是浙江大学研究生艺术团的一员,并曾多次在医学院神经所的元旦晚会上登台献唱。

刚进大学时,董一言曾一度为辩论着迷,陈铭是他最欣赏的辩手。为了提升自己的逻辑思维能力、表达能力和领导力,董一言有意识地拓展知识面,学习专业辩手的技巧,并带领队员们集中训练,参加"北大之锋""海淀区交通安全杯"等辩论赛,他个人也多次获得"最佳辩手"荣誉。

"董师兄是我人生路上很重要的人,没有他我根本就不可能在本科阶段有这么多收获。我正在申请美国 PhD,不管结果如何,除了导师之外,他都是我最感谢的人。"大二上学期,浙江大学医学院 2015 级本科生陈舒琪遇到了董一言,这个靠谱的大哥哥不仅亲手辅导她的实验操作,传授阅读文献的技巧,还鼓励她独立思考。而现在正在美国加利福尼亚大学圣地亚哥分校小宫山高木实验室做毕业设计的陈舒琪,遇到不懂的问题时还经常找他交流。

陈舒琪回忆,大二升大三时她一度陷入迷茫,于是约董一言在实验室的 invivo 房间聊天。"半个小时的时间里,师兄帮我分析专业前景,也剖析个人优势,还给我放了两个星期的假让我静心思考。"想到当时的情景,现在非常享受科研的陈舒琪感慨,"幸好当时没转专业!"

在师弟师妹眼中，董一言不仅是他们的"天使大哥"，还是超级顾家的暖男。"特别感谢一卉进入我的生命，与我共同组建家庭，奔向全新的旅程。"在本科毕业论文的致谢部分，董一言用这种平实又高调的方式与太太"秀了一波恩爱"。实际上，在他的社交平台上，不乏类似的甜蜜宣言。2017年年底，两人的爱情结晶诞生，他写给女儿"你的存在本身，就是我永远的骄傲"。"女儿的名字叫然然，这个名字还是导师胡海岚教授为纪念两篇 *Nature* 论文发表所起，对我们一家来说意义重大。"聊到女儿，董一言满眼爱意。

（文：马宇丹　陈　沛）

第四章

格　致

新发传染病防治，中国从跟随到领跑世界

　　这是一个没有硝烟的战场，浙江大学医学院附属第一医院李兰娟院士带领团队再一次投入战斗。他们要做的，是控制疫情大流行，把患者从死亡线上拉回来。

　　2013年春，长三角地区突发不明原因呼吸道传染病，来势凶猛，病死率高，一度造成社会恐慌。

　　5天内，项目组团队迅速发现并确认了此次突发疫情的病原是一种全新的H7N9禽流感病毒，第一时间向全世界公布了该病毒全基因组序列。

　　病原发现后2天内，项目组团队成功研发出人感染H7N9禽流感病毒快速检测试剂。

　　一个月内，项目组团队揭示活禽市场是人感染H7N9禽流感病毒的源头……

　　这一年，恰是2003年SARS过去的第十个年头。

　　在遭受SARS的惨痛教训后，我国加大了对传染病防控体系的建设力度，将重大传染病防治专项作为"十一五"以来的十六个重大专项之一，并列入《国家中长期科学和技术发展规划纲要》，浙江大学汇集

力量建设传染病诊治国家重点实验室。

2018年春天来临之际,由浙江大学传染病诊治国家重点实验室、感染性疾病诊治协同创新中心主任李兰娟院士领衔,联合中国疾病预防控制中心、汕头大学、香港大学、复旦大学等11家单位组成的团队,共同完成的"以防控人感染H7N9禽流感为代表的新发传染病防治体系重大创新和技术突破"项目获得2017年度国家科学技术进步奖特等奖。

这是该奖项设立以来,我国医药卫生行业和高等教育领域"零的突破",也是该奖项首次花落浙江。

李兰娟院士(左三)在与项目组成员讨论

明确病因,不重蹈十年前SARS的"覆辙"

2013年春,长三角发现呼吸道危重病人病死率高的情况,病因不清。

该传染病的病原是什么,传染源是什么,通过什么途径传播,如何开展救治?

疫情刚出现,李兰娟团队就第一时间凝练出关键的科学问题,明确攻克方向。李兰娟知道,十年前 SARS 疫情暴发时,迟迟不能明确病原和传染源,导致中国在防控 SARS 疫情上处于被动状态。而这一次突发疫情,仅用了 5 天时间,就确定这一新的传染病病原体为新型 H7N9 禽流感病毒。《自然》杂志发表评论:中国具有同美国一样的发现确认新发传染病的能力。

2003 年 SARS 后,覆盖全国 31 个省、自治区及直辖市的全球最大的新发突发传染病监测网络已经逐步建立,对随时可能出现的新发病原体进行实时监控,实现在 72 小时内完成对 300 种病原的检测。在人感染新型 H7N9 禽流感暴发的第一时间,李兰娟院士团队立即组建了一支 30 多人的采样小组前往疫情相关各地采样,寻找传染源。

项目组成员沿着候鸟迁徙的路线,深入各种人迹罕至的鸟类栖息地。当他们穿过一片"白鹭林"时,候鸟受惊飞起,"下起了粪雨",但他们如获至宝——掉下来的都是可供继续研究的样本,这些鸟粪中可能正含有他们要找的病毒。

项目组还去养殖场采样,刚开始戴着口罩穿着白大褂,常常吃闭门羹,被人视为"不速之客"。"我们只好脱掉白大褂和手套,和普通顾客一样去菜市场买家禽,然后采集粪便取样。"团队成员吴南屏回忆说。

项目组通过以深度测序和高通量数据分析技术为核心的新发突发传染病病原早期快速识别技术体系,很快明确了 H7N9 禽流感病毒是经过了两步重配,H7 来自长三角家鸭,N9 来自韩国的野鸟,同时还证明了鸭是中间宿主,鸡是主要的传染源。

关闭活禽市场! 这是李兰娟团队防止疫情向全国蔓延的关键一招。

这一改变长三角地区对禽类饮食习惯的做法,刚开始受到了一些阻力，李兰娟院士以科学数据说服大家——从患者体中分离的病毒和从鸡粪中分离的病毒，其基因序列同源性高达 99.4％，从而在短时间内明确传染源、传播途径和易感人群，李兰娟团队的研究成果为阻断疫情大流行发挥了重要作用。

由于活禽市场关闭，一时间老百姓对"吃鸡"有了很大的恐惧感。2013 年 4 月中旬，李兰娟在北京回杭州的航班上发现空乘人员分发餐食时，其他肉类的餐食都分发完了，唯独鸡肉餐食剩下很多，空乘人员"吐槽"是由于对人感染 H7N9 禽流感病毒感到恐慌，大家都不敢吃了。

李兰娟默默记在了心里，在接受媒体采访时，她公开告知高温煮熟的家禽可以食用，而且还录下一段自己吃鸡腿的画面。现在看来是一个再平常不过的动作，但在当时如此表现在公众面前需要的是胆量和勇气，而支撑她的，就是自己的科学论证。

"在流行病学、血清学和分子病毒学方面均证实了活禽市场是 H7N9 病毒源头，这是我国从分子水平首次获得了 H7N9 病毒从禽向人传播的科学依据。"李兰娟说。后来的大数据分析模型研究证实关闭活禽市场使我国降低了至少 97％ 人感染 H7N9 禽流感的风险，防止了疫情向全国快速蔓延。

"逼上梁山"，使出撒手锏"李氏人工肝"

看到不同省市报告的人感染 H7N9 禽流感疫情，患者发病进展迅速，没几天就出现呼吸衰竭的症状，李兰娟在心里不断琢磨：这么严重的症状，为什么施加任何药物都起不到什么效果，会不会是细胞因子风暴导致？

细胞因子风暴，是指为了抵抗病毒细胞的侵蚀，人体免疫细胞产生大量的炎症细胞因子。因为过度的自我保护,产生的大量细胞因子对人体组织器官造成了严重损伤。

为了弄清其发生机制,研究团队展开了 40 多个炎症细胞因子跟踪分析,实验证明,患者肺部呈现"白肺"状态,充满大量肺水的直接原因就是细胞因子风暴。"我们的研究还发现,人感染 H7N9 禽流感患者的细胞因子风暴多出现在发病一周。"李兰娟说。

手握一系列科学数据,李兰娟的心里就有谱了,这或许与她 1986 年就开始研究的人工肝支持系统清除肝衰竭患者体内过多炎症细胞因子的机制有关,可以用以李兰娟命名的"李氏人工肝支持系统"参与救治发生细胞因子风暴的人感染 H7N9 禽流感患者。

研究团队还发现细胞因子风暴是导致人感染 H7N9 禽流感患者重症和死亡的重要机制,并首次揭示 H7N9 禽流感病毒在人肺组织中的高复制力导致肺功能受损的病理机制。

2013 年 4 月 13 日,一名在外院救治的人感染 H7N9 禽流感危重病人血压下降,病情危急,很多专家会诊后,都觉得挽救不过来了。李兰娟在了解患者病情时得知患者是一名年仅 37 岁的青壮年男性。

李兰娟陷入了沉思,回想起 40 年前,自己刚刚参加工作不久,看到一名年轻病患因肝衰竭死亡,当时的自己却无能为力。"他们年纪轻轻,都是家庭的支柱,一定要挽救他们!"经过 30 多年的努力,她创建了对治疗肝衰竭独特有效的李氏人工肝系统,能清除肝衰竭患者的炎症细胞因子,挽救了大量的病人,而人感染 H7N9 禽流感重症患者也存在细胞因子风暴,说不定正好可以用李氏人工肝来试试。

想到这里,李兰娟知道自己找到了救治人感染 H7N9 禽流感重症患者的"利器",立马决定将这名病人转院至浙江大学医学院附属第一医院救治。"让专家们在转院路上维持患者的生命体征,我带着 20 多名医护人员在浙江大学医学院附属第一医院9号楼负压病房等待。"

　　尽管当时患者的病情十分危急,能否抢救过来,大家疑虑重重,但李兰娟内心还是有一定的信心。大家准备了人工肝设备、ECMO(体外膜肺氧合装置)、呼吸机等,投入抢救这名37岁病人的工作中。这是清除肝衰竭患者炎症细胞因子的李氏人工肝首次使用到人感染H7N9禽流感的治疗中,要解决的就是细胞因子风暴问题。

　　这名37岁的患者,经过李氏人工肝治疗两小时后,血压开始平稳,李氏人工肝等一套救治方案起到了立竿见影的效果。经过五天五夜不间断的抢救,病人被奇迹般地从死亡线上拉了回来。在治疗过程中,李兰娟团队不断总结,形成了系统的"四抗二平衡"救治策略,即抗病毒、抗休克、抗低氧血症和多脏器功能衰竭、抗继发感染,维持水电解质平衡和微生态平衡。其中,以李氏人工肝为代表的独特有效的救治技术,解决的就是细胞因子风暴及其导致的低氧血症和休克,维持水电解质平衡。

　　"四抗二平衡"中第二个平衡就是微生态平衡。"我们从1994年就开始对人体微生态的平衡开展研究,到目前已经有20多年了,取得了一些成果。"李兰娟介绍说,肠道中有很多细菌,重达1公斤多,"肠道细菌有时候可以看成一个器官,在治疗的过程中,各种原因会导致微生态失衡,它们就会易位,进而继发感染。临床中很多病人不是死于原发病,而是死于继发性感染"。

"养兵千日,用兵千日",锻炼一支队伍

　　浙江大学医学院附属第一医院9号楼,是2007年李兰娟亲自设计的一幢传染病救治楼,五楼是负压病房。

　　用李兰娟的话说,当时9号楼就是一个白色的战场,医务人员防

科学的浪花 158

护服、仪器设备都是那种纯粹的白,"我们的医疗团队非常敬业,没有一个畏缩不前的。他们一不怕苦,二不怕感染"。时任浙江大学医学院附属第一医院院长的郑树森院士统筹指挥,近 40 位医生、160 位护士加入这场"战斗"。"这是一支大部队在协同作战。"李兰娟说。

疫情来临不是一哄而上,也不是一哄而散,而是井井有条,李兰娟躬身实践,锻炼了一支能打胜仗的队伍。

团队成员梁伟峰是第一批进入人感染 H7N9 禽流感病房的医生。2013 年 4 月 1 日,浙江省发现第一例感染者,梁伟峰就主动冲在救治第一线,而之后的整整 100 天,他都没有离开过病房。

李兰娟也一直坚守在 9 号楼里,每天研判病人情况,大楼里整整一面墙上都是他们为每一位病人制作的病历信息表。每天凌晨两点、三点、四点,她还会接到电话,请求研判治疗方案。

没有人知道,李兰娟是如何在夜晚"偷时间"后继续保持如此高强度的工作的。

2013 年 4 月 8 日,国家卫生与计划生育委员会派李兰娟团队前往江苏镇江会诊一名感染 H7N9 禽流感病毒的孕妇,而此时,一场研判疫情的协同创新高峰论坛正在杭州召开。当天下午五点,李兰娟和团队成员赶往镇江,晚上九点多到达当地医院开展会诊并介绍"四抗二平衡"救治策略。第二天凌晨两点,李兰娟团队返回,到达杭州已是凌晨五点多,而早上八点,李兰娟院士准时主持感染性疾病诊治协同创新中心的会议,主要讨论如何快速应对人感染 H7N9 禽流感病毒疫情。

"李老师就是这样的'拼命三娘',与会人员丝毫看不出她舟车劳顿,只休息了两小时,"团队成员姚航平说,"在李老师眼中,病人的生命永远是第一位。"

团队成员梁伟峰也回忆说，当时李兰娟院士统揽全局，每天早上进行多学科疑难病会诊，有时候太忙，就在中午吃盒饭时集中讨论救治方案，"筷子和笔变换着来，匆忙吃点饭，就马上拿起笔记下来"。

临床离不开科研，创新离不开协同

李兰娟院士团队取得新发传染病防治体系重大创新和技术突破，一大特点就是临床与科研的紧密结合。

1973年，李兰娟被分配到浙江大学医学院附属第一医院感染科工作，每天接触大量肝功能衰竭的病人，但是没有有效办法救治。"怎样解决这些问题？"李兰娟心中很早就种下了临床与科研结合的种子。1986年，她申请到第一项青年科研基金，从此开启了她对科研孜孜不倦的追求。

在浙江大学医学院附属第一医院里，还建设有一个第一批由国家认证的三级生物安全实验室（简称"P3实验室"）。这个负压实验室最大负压值达$-65Pa$，相当于青藏高原海拔4000米的大气压强。李兰娟说，科研人员每次在这里研究，都有种被掐着脖子的感觉，"进一趟P3实验室，就像去了一趟拉萨，这样的气压不是每个人都能承受的"。

就是在这样严苛的条件下，分离病毒在这里完成，我国首个人感染H7N9病毒疫苗种子株成功研制。

这个打破我国流感疫苗株必须依靠国际提供的传统的成果，是浙江大学与香港大学协同攻关的结果。在2013年年底的第二波人感染H7N9禽流感疫情期间，李兰娟派遣人员去往香港大学新发传染病国家重点实验室，总结并进一步研究该病病理学、病毒学方面的特征。协同攻关充分发挥了协作单位各自的优势，起到了$1+1>2$的化学效应。

研究团队创建的四大体系两大平台，还对控制中东呼吸道综合征、寨卡等传染病的输入发挥了显著成效。而在非洲，埃博拉疫情甚至造成了一些国家瘫痪。中国将这套防控体系带到了非洲，并在援助非洲抗击埃博拉等重大新发传染病疫情防控中取得了卓越成效，显示了中国力量。塞拉利昂总统还就中国援助非洲抗击埃博拉病毒专程来到中国致以感谢。

　　中国科学家在新发传染病防控史上第一次利用自主创建的"中国模式"技术体系，成功防控了在我国本土发生的重大新发传染病疫情。世界卫生组织在《人感染 H7N9 禽流感防控联合考察报告》中评述："中国对人感染 H7N9 禽流感疫情的风险评估和循证应对可作为今后类似事件应急响应的典范。"世界卫生组织评价该项目研究成果堪称"国际传染病防控典范"。

　　当被问及此次获奖的感受时，李兰娟说，这次到北京受奖领到的是沉甸甸的责任和使命，"获得特等奖，是对新发传染病防治中取得系统创新突破的国家队伍、国家平台、国家力量的肯定，展示了当前建设健康中国的决心与信心"。

　　"严谨求实、开拓创新、勇攀高峰、造福人民。"这是李兰娟院士团队一贯的优良作风，每个走进实验室会议室的人，都能看到这句话，而所有与李兰娟团队有过交集的人也都会发现，这句话已经写在了他们的心中。

（文：柯溢能）

消灭危废之"危"

"医废是头号危险废弃物,怎么能进行开放式燃烧?！那弥漫在空气中的缕缕青烟不知又产生了多少致癌物二噁英啊！"2002 年,SARS 暴发,短期内产生的大量医疗废物只能由一些简易设计的小型焚烧装置应急焚烧掉。浙江大学能源工程学院热能工程研究所严建华教授看在眼里,急在心里,他带领的项目团队与以医疗废物为代表的危险废物的对决开始进入白热化阶段。

其实早在 1988 年,这位工程热物理学领域的科学家与危废之间的硬仗就因上海市的一个突发公共卫生事件而悄然拉开帷幕。严建华回忆道:"当年有近 30 万上海市民因生食被医废污染的毛蚶而患上了甲型肝炎,那场轰动一时的传染病给了我很大触动。"2000 年,当两名本科生敲开他的办公室房门,请他担任校挑战杯竞赛的指导老师时,严建华为他们选择了"危险废弃物无害化处理"的研究选题。也是从那时起,他作为第一完成人的"危险废物回转式多段热解焚烧及污染物协同控制关键技术"创新研究项目正式启航。

近些年来，我国危废产量迅速增加，且来源复杂，涉及行业广，国际履约责任大。焚烧处置具有减容、减量明显，适应性广等优点，在危废处理中的占比逐年攀升。回转窑是危废焚烧处置中应用最为广泛的炉型，但在实际运用过程中存在着三大难题：结渣严重启停频繁，排放超标污染严重，组分复杂适应性差。

想打胜仗，需要进行前瞻性考虑和全局性分析。严建华带领团队瞄准这三个核心难题，经过十多年基础研究和产学研联合攻关，提出了多段热解焚烧、过程协同优化、物料特性表征三大创新方法，在熔融自清渣高效稳定燃烧、低污染排放、多组分配伍给料等方面取得重大技术突破。

工欲善其事，必先利其器。严建华团队首先解决了"用什么烧"这个问题，并原创性地开发出适应复杂组分危险废物的回转式多段热解自熔融焚烧新技术。

在一定的燃烧条件下，将不同热值和灰熔点的危废混合焚烧，极易造成回转窑结渣缩圈，设备的持续运行时间很少超过 2 个月；高温燃烧可以减少结渣生成,但能耗高、损失大。怎么化解这个困扰行业多年的矛盾?讨论之后,项目团队萌发出一个想法:能不能通过燃烧优化控制,在观测到缩圈情况时仅提高回转窑尾部区域燃烧温度,使黏附在该处的固体残渣熔化流出?在此基础上,团队开发出回转窑内自熔融燃烧和结渣自清除新技术,突破了行业瓶颈,将回转窑持续稳定运行时间提高到 6 个月以上,并成功开发出处理量为 10～100 吨/日的系列化装备。

危废构成复杂,组分特性差异大,很难实现充分燃烧。针对这个问题,项目团队在回转窑尾端设计了向上、向下两个通道,并开发出集窑内热解焚烧、气相组分空间燃烧、固相残渣喷动式旋转布风燃烬为一体的多段热解焚烧新技术。未被燃烧殆尽的有害气体和固体残渣可以分别进入上下两个通道进行二次燃烧。这样一来,不仅大大提高了危废焚烧后的减容量,还将焚烧底渣热灼减率降低到 1% 以下,达到国际领先水平。

不同地区的危废产量不同,标准化装备必然会遭遇"水土不服"的困境。为普及推广,项目团队探明了不同尺度物料在回转窑内的运动规律,建立了多相流动、窑壁和料层传热的数学模型,构建了回转式热解焚烧反应器的优化设计新方法,为成果转化插上了因地制宜的翅膀。

要想取得战争胜利,不仅要有好的装备,还需要好的战术。在回答"怎样实现清洁燃烧"这个问题时,团队创新性地提出了复杂工况下危险废物热解焚烧自适应优化控制方法及污染物联合净化策略。

针对传统焚烧过程中采用点测量和开环控制的不足,项目团队建立了基于辐射能反投影的窑内温度场测量方法,通过两个传感器实时获取回转窑内的温度场分布特征,并开发出一套基于窑内温度场分布、特征污染物浓度和运行参数等实时数据,适用于复杂工况下危废热解焚烧过程的自适应优化闭环控制新方法。给料速度、辅助燃料量、回转窑速度、风量、活性炭给料量……这些原本用手工调节的参数通过该方法实现了自动控制,不仅有效提高了焚烧系统运行的稳定性,也大大降低了污染物排放量。

因危险废物具有高氯、高重金属含量等特征,不完全燃烧物极易发生低温异相反应,进而可能生成毒性严重的致癌物质二噁英。烟气中二噁英排放浓度一般为纳克级(10^{-9} g/Nm³),仅使用常规的末端控制方法,二噁英排放达标率低。

怎样解决关键污染物二噁英超标排放这个难题?项目团队多面出击,研发出阻滞效率达 90% 以上的高效一体化复合阻滞剂,更搭建起全过程、多途径污染物协同控制体系——焚烧前进行科学配伍,焚烧中进行过程自适应优化处理,焚烧后通过硫氮基阻滞、半干法脱酸、改性活性炭喷射、高效布袋除尘、湿法脱酸 5 个方法联合净化。"这样一来,从烟囱排出的气体就非常干净了,二噁英排放指标优于国家标准一个数量级,也显著优于欧盟标准。"介绍到采用团队所开发的技术能实现污染物超低排放这一优势时,严建华充满了自豪。

"拉来就烧"一度是最为普遍的危废处置办法。深知其严重危害的严建华不禁自问:怎样可以实现"更科学地燃烧"?"骨头怎么烧,PVC 怎么烧,化纤怎么烧?我们能不能尽可能多地把危废样品收集起来,搞清楚它们的特性,建立一个数据库来指导入炉物料配伍?"有了这个想法后,他带领项目团队深入研究典型危废样品的指纹特性、理化特性和热化学动力学特性参数,率先建立了全面覆盖 20 大类 900 多个可燃危废样品的焚烧特性数据库。

依托该数据库,项目团队建立起指导物料配伍,包含物料物性指标、污染控制指标、系统运行指标的多级指标控制体系;制定了危废配伍技术导则和进料菜单;提出了散装固态废物、桶装废物、液态废物和气态废物的优化配伍新方法;实现了多形态危废的连续可控和精确进料;为提高系统适应性、实现清洁高效稳定焚烧提供了科学指导。

"这是一个系统工程,三个方面的研究相互制约,需要同步展开。"顶层设计之后,严建华带领项目团队在十余个寒来暑往中不断完善技术工艺,终于实现了回转窑连续稳定运行时间、焚烧底渣热灼减率、二噁英排放等核心技术指标均优于国内外同类技术的目标,并建立起行业内最完整的危废焚烧特性数据库。

项目推动了我国危废焚烧处置技术的进步,促进了区域环境保护和社会可持续发展,显著增强了危废处置产业的科技竞争力。完成单位建设的杭州危废处置项目,日处置量达82吨,是我国第一个投入运营的国家级示范工程,还获得我国第一张危险废物经营许可证。完成单位推广的危废焚烧项目2014—2016年新增销售额18.4亿元,新增利润3.5亿元,创造了显著的经济效益和环保效益。"这项研究工作是不能停的,我们要进一步完善并在全国各地推广运用这项技术,还要把数据库做得更大更完整。"道阻且长,但项目团队在这场危废处置战中从未却步,且始终斗志昂扬……

(文:马宇丹,摄影:周立超)

破解燃"煤"之急

曾经,记忆里"天朗气清,惠风和畅",现如今,很多时候却是"雾失楼台,月迷津渡"。古诗词中意境朦胧的场景,成了近年来全国很多城市空气状况的真实写照,而这大气污染背后的元凶之一,正是燃煤排向天空的烟气。

随着对空气污染关注度的不断升温,昔日被称为"黑色黄金"的煤炭,似乎已经和"污染罪魁"画上了等号。一时间,煤炭成为众矢之的,老百姓谈"煤"色变。

众所周知,我国是世界上最大的煤炭生产国和消费国,每年消费煤炭占全球 50％左右。尽管近年来新能源和天然气在能源消费中的比重不断加大,但短期内以煤为主的能源结构仍难以根本改变,煤炭仍然是当前我国经济和社会发展最重要的能源支撑。中国已开始对燃煤小锅炉实施"煤改气"工程,为环境空气质量的改善做出重要贡献,但由于我国天然气资源短缺,加之天然气发电成本远高于煤炭发电,难以在我国燃煤电厂大规模实施"煤改气"。

怎么办?"关键是要有技术来扭转燃煤造成污染的现状,"浙江大学能源工程学院高翔教授说,"我们要通过燃煤机组超低排放技术,来推动能源行业的绿色发展,让大家重新认识煤电。"

在国家杰出青年科学基金、国家"863"计划、国家科技支撑计划、环保公益性行业科研专项和浙江省重大科技专项等项目的持续支持下,浙江大学和浙江省能源集团有限公司(以下简称"浙能集团")等单位历经 20 余年的自主创新和联合攻关,实现了燃煤机组超低排放关键技术与成套装备的突破。

在应用这项成果的嘉华电厂,我们惊喜地看到每小时发电量 100 万度的燃煤发电机组,燃煤烟气在短短的几十秒内就"跑完"了该项目组开发的超低排放系统,最终,监测到的污染物排放浓度远低于排放限值,200 多米高的烟囱上几乎看不到烟色,成功实现了煤炭在电厂的清洁利用。

2018 年 1 月 8 日,在北京举行的 2017 年国家科学技术奖励大会上,浙江大学能源工程学院高翔教授领衔、与浙能集团合作的"燃煤机组超低排放关键技术研发及应用"获国家技术发明奖一等奖,这是浙江大学首次以第一完成单位获得该奖项,也是浙江省获得的第一个国家技术发明奖一等奖。

"科技工作者首先要爱国,要以国家的战略布局和社会需求为导向,始终保持为国家排忧解难的责任感和使命感。我们团队几十年来一直瞄准煤炭清洁高效利用这一国家重大需求,坚持产学研协同创新,努力把科研成果变成应用成果,转化为现实的生产力,来解决实际问题,造福社会和人民。"中国工程院院士岑可法说。

超低排放,让燃煤变得更清洁

煤炭是我国的基础能源,虽然它长得黑不溜秋的,不好看,可是储量大,价格便宜。煤炭在世界发展史上也扮演着极其重要的角色。然而,燃煤造成的污染使民众对煤炭爱恨交加。

绿水青山就是金山银山。绿色发展是当今世界的一个重要趋势,绿色技术成为世界科技创新与产业发展竞争的制高点。我们国家和世界其他国家一样,一直在探索着更清洁的能源利用方式和更高效的污染物治理技术。发展燃煤电厂超低排放技术对我国实现煤炭清洁利用、保障能源安全具有极其重要的意义,已成为国家战略需求。"超低排放"从 2015 年起连续几年写入国务院政府工作报告,国家发改委、能源局、环保部等多部门先后发文推进实施燃煤电厂超低排放工作。

我国煤炭资源地域分布广,动力用煤煤质成分复杂,高灰分煤、高硫煤等劣质煤用量大,煤的燃烧特性和污染物排放特性也非常复杂。而且,燃煤电厂负荷变化普遍较为频繁,对环保装置的运行可靠性也提出了更高的要求。"对煤质和负荷适应性强的燃煤烟气多污染物超低排放技术是亟待突破的难题。"高翔说。

那么,如何才能实现燃煤烟气多污染物超低排放呢?

在浙江大学玉泉校区老和山下,坐落着占地总面积 15000 平方米的能源清洁利用国家重点实验室,这也是国家煤炭清洁发电领域2011协同创新中心和国家环境保护燃煤大气污染控制工程技术中心等国家级平台的所在地。

在这实验室里,我们看到一群身穿工作服的老师和研究生正忙碌着,看到了燃烧各种复杂煤质的炉子,看到了每小时1万标方烟气量的烟气污染物超低排放技术中试平台,还有各类大型精密仪器设备等。试验平台下面,一包包来自不同集团、不同电厂的煤样正在准备进行燃烧试验;来自上百个电厂的煤样、飞灰样品、石灰石样品、石膏样品等已经完成测试。为了找到最佳解决办法,为了建立基础数据库,必须进行大量的基础研究和工程应用研究,团队成员们总是没日没夜地干,每一位成员都"百炼成钢"。

项目组经过长期理论和试验研究,克服了重重难关,成功研发了高效率、高可靠、高适应、低成本的多污染物高效协同脱除超低排放系统,实现了复杂煤质和复杂工况下燃煤机组多污染物的超低排放,让燃煤变得更加清洁。

如针对"雾霾元凶"——细颗粒物在烟气中脱除效率低的问题,采用温—湿系统调控强化了多场协同下细颗粒物和三氧化硫的控制脱除,提升了颗粒的捕集效率;针对催化剂中毒失活、低温活性差等问题,通过多活性中心催化剂的配方研发,在多个活性位点的"团结协作"下,提高了催化剂的抗中毒、低温活性、协同氧化汞等性能,实现了复杂煤质及低负荷运行等恶劣工况下氮氧化物的高效脱除,也有效控制了汞的排放;针对废旧催化剂的处置问题,采用活性组分分次可控负载等方法,使废催化剂活性恢复到新鲜催化剂的水平,实现了废旧催化剂的循环利用及其功能化改性;针对系统优化运行问题,建立了多断面污染物浓度预测模型及优化方法,可实现超低排放系统的智能调控。

该成果已在全国规模化应用,有效减少了燃煤污染物,提升了燃煤污染治理技术和装备水平,推动了国家燃煤电厂超低排放战略的实施,为中国清洁高效煤电体系的建设提供了关键技术支撑,同时也为全球解决燃煤污染问题提供了中国方案。

产学研用,推动科研成果落地

"在实验室,我们这套系统实现了超低排放。但要真正应用起来,还要针对性解决具体的工程细节问题。"高翔说,从基础研究到成果落地应用,这一步很关键。

就企业来说,"第一个吃螃蟹"意味着承担风险,如果试验失败,就会造成无法挽回的损失,所以企业总是希望能够用上技术成熟、已经在其他地方应用过且效果好的系统,尤其是在与国民经济发展和人民生活密切相关的燃煤发电领域。

对此,团队有着清醒的认识。团队先在小型燃煤锅炉上进行成果的示范应用,取得成功后,才开始考虑推广应用到大型燃煤发电机组上。

2011年,在浙江省人民政府和浙江大学的推动下,浙江大学与浙能集团在省政府见证下签署了《浙江省能源集团有限公司与浙江大学战略合作框架协议》。以此为契机,在已有研究成果的基础上,双方成立的联合攻关小组加快了超低排放关键技术成果在燃煤发电领域的转化应用进程。

在改善区域大气环境质量、推进煤炭清洁高效利用和加快行业升级的客观需求下,浙江省政府和浙能集团自我加压,支持成果在嘉华电厂进行工程示范应用。联合攻关小组一起从技术原理、工程设计、工程实施、工程调试和运行等多角度对超低排放技术方案进行了近半年的全方位论证,仅系统设计方案就讨论修改了十多遍,其间还开展了大量的验证性中试和工程试验。系统投运前,机组集控室中,几十双眼睛紧张地盯着大屏幕上的数据,对大量第一手在线数据、测试数据等进行分析讨论,完善各项工艺运行参数。最终,实现了嘉华电厂1000兆瓦在役燃煤机组烟气多污染物超低排放,监测数据表明各项污染物排放浓度指标远低于排放限值,完全达到了系统设计的要求。

超低排放技术在嘉华电厂1000兆瓦在役机组取得成功应用,得到了国家及各地方政府和行业相关企业的高度关注,嘉华电厂也被国家能源局授予"国家煤电节能减排示范电站"荣誉称号。"国家各有关部委、地方省市及一些大型电力集团公司都来技术研发单位和电厂调研考察,短短半年内,就有200多批次共计5000多人次来我厂交流,"嘉华电厂副总经理王建强说,"我们厂里还搭建了节能环保绿色能源科普教育基地,基地以重大环保技术创新为核心,向全社会开放,成为交流和宣传先进环保技术的桥梁,并定期和不定期开展各类活动。"

团队的实干作风受到了业界的普遍认可,寻求合作的企业纷至沓来,还有些企业本来不做环保装备的,也被吸引了过来。可以说,团队"催生"了一批环保企业的诞生和成长。

"通过与浙江大学长期深入的产学研合作,超低排放关键技术推广取得了很大成效,真正实现了科技创新推动产业发展,集团综合实力上了一个大台阶,成为当地排名第一的纳税大户。"山东国舜建设集团有限公司董事长吕和武说。

"我们通过和浙江大学的合作,大大提高了公司的技术水平,树立了良好的口碑,成功在新三板挂牌上市。"浙江中泰环保股份有限公司总经理屠天云说。

通过与企业的产学研用合作，团队成果在全国十多个省市的 1000 兆瓦、600 兆瓦、300 兆瓦等不同等级的燃煤机组及中小热电机组上实现了规模化应用，2014—2016 年累计装机容量超过 1 亿千瓦，应用本发明成果新增销售额 109.6 亿元。与此同时，团队也推进了关键技术装备的标准化工作，牵头研究制定国家和行业标准 9 项，参与制定国家和行业标准 6 项，推动了行业的科技进步及产业发展，支撑国家超低排放战略的实施。项目完成人还受邀在达沃斯论坛上介绍燃煤污染治理的中国方案。

与"煤"为伍，攻坚克难乐在其中

"20 多年来，其实我就做了一件事。"从 1990 年保送浙江大学研究生，师从岑可法院士进入煤炭清洁利用研究领域，高翔教授始终坚持在这一领域开拓，他说支撑自己的内心动力是为国家做贡献这一理想。使煤炭燃烧变得更清洁，切实解决国家的现实难题，是这个团队一直以来的追求。

团队始终坚持科研工作要针对国家重大需求，为国家排忧解难，这种精神是一个人面对困难时能咬牙坚持的动力，也是一个队伍团结的纽带。在团队中，很多老师敢当配角、甘当配角，团队的凝聚力非常强。

在团队成员心中，科研俨然成为一种生活方式。为了讨论一些关键问题，"经常从早上 8 点开会到晚上，中间订两顿盒饭，大家边吃边讨论，有时候开会开到半夜仍然意犹未尽，第二天早上还是正常上班。"郑成航副教授说。严师出高徒，这样一种不断讨论、不怕吃苦的学术氛围，带动了一群"钟情"煤炭清洁利用研究的年轻老师、博士研究生、硕士研究生。

“我们的理念是紧扣国家、行业和企业在能源和环境领域的需求，每一个研究选题都要求具有明确的学术意义和工程应用前景。”高翔说。

团队很多课题都是从实际中来，从现场来，从国家重大需求中来，把实验室的研究成果应用到实际中，解决中国复杂煤质、复杂工况条件下超低排放遇到的各种难题。为了验证一个研究想法，研究团队常常通宵达旦做实验；一次中试规模的测试实验，5000个小时不间断；一次检修，深夜两点接到电话就火速赶到城郊的电厂。团队核心成员在企业、客户眼中，已经成为解决疑难杂症的“环保医生”。

2013年春节前夕，广东佛山五沙热电厂进入检修期，机组暂时不工作了，只有这短短20多天的停机时间给团队完成催化剂再生改性的工作。时间紧，任务重。在停机前一个多星期，高翔组织团队把研发的专有设备运到现场，事无巨细地做好准备工作，一等停机，马上开始催化剂再生改性的相关工作，每天两班倒，一直干到正月十五。“我们和浙江大学一直有很好的合作，但这么紧的工期，他们都能把这个事情保质保量完成，保证了我们厂的生产计划，而且为我们厂节约几百万元的费用，确实非常不容易。这个团队非常实干。”五沙热电设备部部长庞晓坤说。

在电厂爬梯子几乎是每位团队成员都干过的事。无论是40多米高的设备测试平台，还是70多米高的烟囱测试平台，只要有监测需要，大家都会克服恐高心理爬上去。“有一年夏天，气温近40℃，他们穿着工装，戴着安全帽，拿上三四米长的测试枪，背上几十斤重的设备爬上去，在上面一待就是好几个小时，下来后衣服干了都是盐渍。”嘉华电厂设备部主任钱晓峰对此仍记忆犹新。

这样一支“与煤为伍”的研究队伍，在让燃煤变得更清洁的道路上，数十年如一日，始终充满激情与活力，攻坚克难，并乐在其中。在一次次的锤炼中，团队自身也得到了很好的发展，培养了一支高水平专业化队伍。

"冰冻三尺，非一日之寒。"这个成果是长期耕耘的结果，是浙江大学和浙能集团的联合攻关小组成员们不懈努力的回报。

党的十九大报告提出，要推进绿色发展，推进能源生产和消费革命，构建清洁低碳、安全高效的能源体系。这也为团队指明了今后的研究发展方向。

"能源环保业有做不完的事，我们要始终跟着中国发展的列车奔跑，不断为国家解决问题。"高翔说，目前团队已把研究成果拓展应用在工业锅炉等其他领域，他们的目标是实现多污染源多污染物的超低排放，继续为建设"绿色中国""美丽中国"而不懈奋斗。

（文：吴雅兰，摄影：卢绍庆）

超重力离心模拟与实验装置获立项批复

　　人类从古到今生活在常重力的地球表面,渴望获知超重力下的物质世界。超重力离心模拟与实验装置旨在推进人类超重力科学与应用研究,服务国家重大战略需求。2018 年 1 月 15 日,国家发展改革委正式批复超重力离心模拟与实验装置国家重大科技基础设施项目建议书,项目法人单位为浙江大学,批复总投资 20.3434 亿元,建设周期 5 年。这是在浙江省建设的首个国家重大科技基础设施项目。

　　国家重大科技基础设施是推动国家科学和技术发展的"国之重器",是长期为高水平研究活动提供服务、具有较大国际影响力的国家公共设施,是我国实现从科技大国向科技强国跨越的有力支撑。"十二五"以来,我国重大科技基础设施建设取得显著进展,"天眼"射电望远镜、"人造太阳"托卡马克核聚变研究装置等设施全球领先。

　　地球上的万物都受到重力的作用,物体在地球上所受的重力场为常重力场,重力加速度约为 $9.8 \mathrm{m/s^2}$,超过这个数值称为超重力场。例如,木星超重力场是地球常重力场的 2.33 倍。超重力具有时空压缩、能量强化和加速相分离三种基本科学效应，可以带给人们更多观察世界、理解世界的视角和方法。人们可以采用多种途径营造超重力场，例如，人在乘坐过山车时加速度达重力加速度的 2 倍，航天器发射时加速度可达重力加速度的 8 倍。

此次浙江大学牵头建设的超重力离心模拟与实验装置是综合集成超重力离心机与力学激励、高压、高温等机载装置，将超重力场与极端环境叠加一体的大型复杂科学实验设施；主要建设 2 台超重力离心机主机及 6 座超重力实验舱，将分别开展边坡与高坝、岩土地震工程、深海工程、深地工程与环境、地质过程、材料制备等 6 个领域的科学研究。该实验装置的最大离心加速度为重力加速度的 1500倍，最大负载超过 30 吨，最大容量超过 1500g·t。该设施建成后，将成为世界领先、应用范围最广的超重力多学科综合实验平台。

浙江大学超重力研究中心持续开展了十余年的超重力科学与实验研究，建成了容量 400g·t 的超重力离心机 ZJU400 及系列机载实验装置，形成了一支高水平的超重力科学研究和实验技术队伍。据该团队负责人、中国科学院院士陈云敏教授介绍，该设施将具备再现岩土体千米尺度演变与灾变、污染物万年历时迁移及单次实验获取千种材料成分的能力，可为重大基础设施建设、深地深海资源开发、高性能材料研发等提供基础支撑。

浙江省人民政府大力支持该设施建设，提供设施建设用地，配套预研和建设经费。浙江大学专门成立了国家重大科技基础设施工作领导小组和超重力离心模拟与实验装置建设指挥部。

该设施选址在杭州未来科技城，与浙江大学紫金港校区直线距离 8 公里。合作单位包括中国科学院物理研究所、中国工程物理研究院总体工程研究所等。项目建成后将秉持"开放合作、资源共享"

的原则,面向全世界多用户多领域开放,开展科学研究和国内外交流。

(文:马宇丹)

世界第一张哺乳动物细胞图谱绘制成功

如果你用一只放大镜对着小白鼠看，你会看到什么？像葡萄一般大的眼睛，或是跟我们的手指一样粗的尾巴。但如果你用浙江大学医学院干细胞与再生医学研究中心郭国骥教授团队发明的一种秘密武器，就能"看清楚"小白鼠的每一个细胞。

美国当地时间 2018 年 2 月 22 日中午 12 点（北京时间 2 月 23 日午夜 1 点），国际顶级期刊《细胞》(Cell)杂志发表了郭国骥团队的最新研究成果。课题组自主开发了一套完全国产化的 Microwell-seq 高通量单细胞测序平台，对来自小白鼠近 50 种器官组织的 40 余万个细胞进行了系统性的单细胞转录组分析，绘制了世界上第一张哺乳动物细胞图谱。

长久以来，生命科学研究主要基于群体细胞水平分析，近几年涌现的单细胞组学技术使我们能够从单个细胞的水平上更为精确地解析细胞的分化、再生、衰老及病变。

论文的通讯作者，"80 后"教授、博士生导师郭国骥打了个比方：之前我们能看清楚每个星座的轮廓和基本特征，有了单细胞技术后，现在各国科学家都在努力看清每颗星星的面貌。

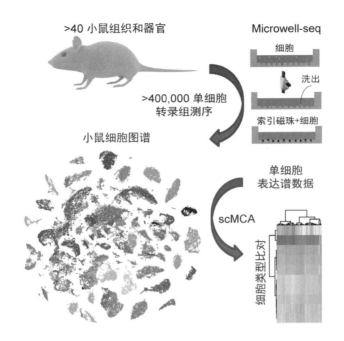

　　"但这项技术面临着成本高、精度低的困境。以肺为例,前人的研究主要集中在肺上皮的若干种细胞。这些信息比较零碎,不利于系统性全面性研究。"

　　能不能发明一种设备,既能保证高精度又能降低成本呢?郭国骥团队找来不同材料制作捕获细胞的微米级微孔板,结果发现,看似普通的常规实验材料琼脂糖有独特的性能优势。在经过近一年的反复试验后,团队设计出了基于琼脂糖材料的高通量单细胞捕获系统。以此为基础研发的 Microwell-seq 高通量单细胞测序平台,在提升现有单细胞技术精确度的同时,使得单细胞测序文库的构建成本降低了一个数量级。

　　"以往分析一个细胞需要 100 元人民币,而现在使用我们所研制的平台只需要 2 元钱,而且精度比美国目前最先进的设备还要高。"

　　有了这个"秘密武器",课题组就能一次性把小白鼠的所有细胞都分析清楚。他们对每一种器官内的组织细胞、基质细胞、血管内皮细胞和免疫细胞亚型进行了详细的描述,绘制了一幅精美的"细胞地图"。光是肺这一个器官,图谱就全面揭示了肺里30多种不同类型的细胞。

通过进一步研究,课题组发现来自不同组织的基质细胞,拥有完全不同的基因表达特征,对组织特异性微环境行使着重要的调节作用。

郭国骥介绍说,过去很多研究关注的细胞都很受局限,研究肺就是肺泡细胞,研究肝就是肝细胞,而忽视了支持这些细胞发育生长的基质细胞,"这是因为之前很难研究,现在通过我们这套平台把基质细胞都'抓'出来了。我们就可以对基质细胞有比较透彻的认识,在器官再生时把基质细胞考虑进去"。

业内专家认为,郭国骥团队所构建的 Microwell-seq 技术平台操作简单、成本低廉,必将推动前沿单细胞测序技术在基础科研和临床诊断方面的普及和应用。同时小鼠细胞图谱的完成也将对下一步人类细胞图谱的构建带来指导性意义,并惠及细胞生物学、发育生物学、神经生物学、血液学和再生医学等多个领域。

在论文的审稿过程中,三位评审专家对这项工作一致性地给出了"impressive"(令人赞叹)的评价,并认为"小鼠图谱必将成为用途广泛的生物数据资源"。

团队还构建了小鼠单细胞转录组数据库及小鼠细胞图谱网站,把研究成果免费分享给大家。这个网站不仅拥有互动性的数据展示和基因搜索界面,还提供了强大的单细胞数据比对系统。对于任何单细胞表达谱数据,都可以通过单细胞比对分析,寻找到它所对应的细胞类型和来源。这套系统将给细胞命运决定的机制性研究、再生医学的移植前细胞鉴定及临床疾病的细胞水平诊断带来深远的影响，"未来我们有望由此鉴定细胞纯不纯，细胞有没有病变、有何种病变"。

论文第一作者包括浙江大学医学院韩晓平博士（并列通讯作者）、2016级硕士生汪仁英，生命科学学院2016级博士生周银聪，医学院2017级硕士生费丽江、2017级直博生孙慧宇和2015级博士生赖淑静。论文合作单位包括哈佛大学医学院和同济大学生命科学与技术学院。本研究获得了浙江省杰出青年科学基金和国家优秀青年科学基金的支持。

（文：吴雅兰　柯溢能）

解码土壤微生物"黑箱"

土壤微生物是元素生物地球化学循环过程及其他土壤生态过程的关键驱动因子。由于土壤结构和组成的复杂性,土壤微生物生态过程在研究中一直都被作为"黑箱"看待,要清楚阐明土壤生态功能是当前土壤生态学研究面临的一个重大挑战。

浙江大学环境与资源学院徐建明教授团队在微生物学顶级期刊《国际微生物生态学会会刊》(*The ISME Journal*)上发表最新成果,他们基于土壤宏基因组信息绘制森林土壤宏基因组的基因相关性网络,揭示了宏基因组的功能结构,为预测宏基因组中基因未知功能提供了新途径。

这项研究的第一作者为浙江大学"百人计划"研究员马斌博士,参与作者包括菲利普·布鲁克斯(Philip Brookes)教授,论文通讯作者为徐建明教授。该论文的国际合作者包括美国芝加哥大学杰克·吉尔伯特(Jack Gilbert)教授和比利时鲁汶大学卡罗琳·浮士德(Karoline Faust)博士。

从系统生物学得到灵感,用宏基因组技术打开"黑箱"

"黑箱"系统即把某个系统看作一个看不透的黑色箱子,研究中不涉及系统内部的结构和相互关系。很长一段时间,科学家们对土壤微生物生态功能的作用机制研究也是如此。

这个"黑箱"是这样的——

每克土壤中平均有来自约 10 万种微生物类群的约 10 亿个微生物细胞,其中约有 99％的土壤微生物类群尚未被培养,而大部分土壤微生物类群的基因组也尚未测序,也就是说,它们的基本功能还不清楚。

那么如何打开"黑箱"呢? 徐建明教授团队使用的"利器"是宏基因组技术——从环境样品中提取宏基因组进行高通量测序分析,通过序列片段拼接和数据库比对进行注释。徐建明表示,近年来系统生物学领域的科学家对一些模式生物细胞进行全基因网络分析,推动了对细胞功能的认识。"我们团队从中得到灵感,借用系统生物学方法来分析土壤宏基因中的基因网络,从而提升对土壤微生物群落功能的认识。"

用系统生物学的方法研究土壤宏基因组,刚开始只是一种研究设想。因为两者的研究对象存在很大的区别:系统生物学中的基因来自单个细胞,而土壤微生物研究的宏基因组中的基因来自大量不同的微生物细胞。但是研究结果表明,宏基因组的基因相关性网络能够准确表征土壤微生物群落生态过程中的基因互作关系。

绘制森林土壤宏基因相关性网络

徐建明教授团队在我国东部从南方热带季雨林到北方针叶林的典型植被梯度带上采集了 45 个土壤样品,基于高通量测序获取宏基因并基于丰度矩阵构建相关性矩阵,从而得到基因相关性网络。

这张网络,其实是认识土壤微生物生态功能的"地图"。

网络包含 5421 个基因节点,7191 个正相关网络连接和 123 个负相关网络连接。科研人员基于网络拓扑结构将网络节点划分为 27 个基因聚落,各基因聚落中主要包含了与特定功能相关的基因,且各基因聚落的中心节点都能代表所在聚落的功能。

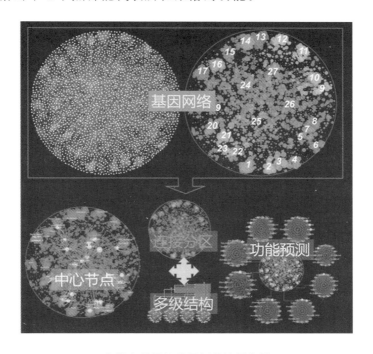

土壤宏基因组基因相关性网络图

科研人员发现,基因聚落之间的连接关系反映了土壤宏基因组中与细胞结构密切相关的多级结构特征,说明土壤微生物群落功能特征受到细胞水平基因功能过程的调控。网络中的正相关连接主要指示了基因的功能关联性,而负相关连接则指示了细胞生物过程中潜在的功能调控过程。

论文评阅人表示,该研究将系统生物学中网络的概念应用于高度复杂的环境样本是该领域发展的重要一步,赞赏了该研究中严格的网络连接构建过程。

未知基因功能预测，为未来研究"扫盲"

宏基因组中仍然有很多基因的功能还是未知的，而基因相关性网络中参与相同生态功能过程的基因会有紧密的网络连接，因此，徐建明教授团队就提出，可以利用功能未知基因在基因相关性网络中的相邻网络节点来预测宏基因组中基因的未知功能。

要如何才能验证预测的功能是否准确呢？系统生物学研究中，单个细胞内的验证比较简单，可以通过敲掉某个基因来做对照实验。而土壤的群落研究中，科研人员不知道这个基因来自哪些细胞，因此无法"敲除"。怎么办？为了验证预测的基因功能，徐建明教授团队通过基因序列计算得出蛋白结构，与蛋白结构数据库比对，进而比对已经标注的功能。结果发现，通过基因相关性网络预测的基因功能与通过蛋白结构预测的功能高度一致，验证了通过基因相关性网络预测的结果的准确性。受到一些研究的局限，马斌表示，当前的预测还有一定的限制标准，那就是要在聚落中与一定数量的基因有连接，才能保证高水准的预测。

至于功能预测的意义，徐建明表示，科学探索的道路上，第一步就是想知道"是什么"，他们的研究提供了一个注释未知的路径；通过预测增补数据库，为后来的研究者扫清了迷雾。历经两年的研究，徐建明表示，团队通过这项解码土壤"黑箱"的研究，对于土壤对碳氮的转化、污染物的降解等机理有了进一步的了解；这一研究对认识土壤有深刻的意义。

该研究得到了国家自然科学基金创新研究群体项目（41721001）、国家自然科学基金国际合作重点项目（41520104001）等的资助。

（文：柯溢能）

量产国内首个实用型彩茧品种"金秋×初日"

我国是蚕丝业的发祥地,为世界创造了绚丽多彩的丝绸文化,也为人类留下了丰富的养蚕经验。早在蚕茧开始应用之时,天然彩色也同时被发现,但被誉为"纤维皇后"的蚕丝在目前国际市场上大部分是白蚕丝,天然彩色丝所占比例极少。

经过十多年选种育种试养,由浙江大学动物科学学院陈玉银教授团队研制的全国首个实用型彩色蚕茧品种"金秋×初日"面世。

走进示范基地,一排排方格上结满了金黄的彩色蚕茧,鲜艳夺目。走近细瞧,茧形大而匀称,产量大且丝质好。"产品天然、保健、环保的特点符合现代消费时尚。"陈玉银介绍,目前还有红、绿等颜色品种正在选育中。

"天然彩色蚕丝由于含有类胡萝卜素、黄酮等多种功能性活物质,除了具有天然的艳丽色彩外,还有多种优良特性。"作为全国第一个进入推广阶段的实用型彩色蚕茧品种,"金秋×初日"研制过程中的艰辛不言而喻。这项研究从 2005 年开始,如果从材料准备算起,可以追溯至 2002 年。当时,陈玉银在孟加拉国考察时发现当地的彩色蚕茧土种制品很受欧美消费者的青睐,"但那个品种和我们现在的彩茧相去甚远",质量差,产量低,无法缫制高档生丝。

随后的几年里,陈玉银团队首先在以应用分子生物学技术研究天然彩色蚕茧的色素形成机制和遗传机理的基础上,创立了家蚕红、黄、绿、粉、橘等天然彩色茧的系列基础品种,再通过目标导入,采用回交、杂交等育种手段,定向选择培育,所产的蚕茧及蚕丝显示出天然高贵的金黄色。

说到"金秋×初日"这个品种名,陈玉银说,金秋对应鲜黄颜色,初日形容金黄色彩,"总体说来,色彩非常鲜亮金黄"。

陈玉银团队于2017年1月拿到浙江省农作物审定证书,开始对"金秋×初日"进行大规模推广。在春蚕茧收购期,收购企业以每公斤高于普通白色蚕茧3元的价格收购"金秋×初日"。而在产量上,"金秋×初日"比普通白色蚕茧高出20%,蚕农的增产效益十分可观。

"针对陈老师的研究成果,我们实现了从可观到可穿戴的重要转变。"时任永康市农林局局长朱志豪介绍。截至2018年年初,永康已饲养彩茧品种"金秋×初日"758张,创新性地实现了从彩色茧到相关丝绸产品的开发和销售渠道的拓展。

(文:柯溢能)

变"废"为宝，霉菌孢子碳也能存储能源

动力电池是电动汽车的心脏，直接决定其续航能力；而动力电池的性能则主要取决于电极材料，这也是电池储能领域的研究重点与核心。"他山之石，可以攻玉"在科研领域被不断验证，如浙江大学夏新辉研究员的生物质衍生碳储能研究工作。

一说起霉菌，人们首先会想到它的无处不在与危害。如食物果蔬放久了会长霉，造成巨大的食物浪费；霉菌孢子飘散在空气里，会对身体健康造成不利影响。可大家没有想到的是，浙江大学材料科学与工程学院夏新辉研究员团队将霉菌与电池联系在了一起，研究出首例基于曲霉菌孢子碳材料的高能量密度锂硫电池。这项成果刊发在世界顶级材料期刊《先进材料》(*Advanced Materials*)上。论文第一作者为该学院博士研究生钟宇，通讯作者为夏新辉研究员。

这项研究成果给全球储能领域的研究者提供了灵感，给出一种"化腐朽为能量""变废为宝"的新思路，将霉菌孢子碳作为储能材料引入能源领域，获得高能量密度电池，为电动汽车的续航能力提供新的拓展技术。

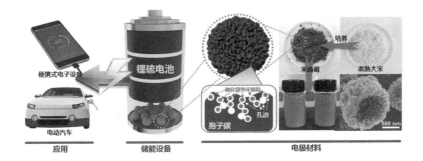

注：使用煮熟的废弃大米培养米曲霉，然后将其改性和碳化，并作为高能量密度锂硫电池的载硫材料，未来可在便携式电子设备或者电动汽车上使用。

霉菌孢子碳提供了导电的"好房子"

要满足国家对新一代电池的要求，科学界和实业界还有很长的路要走。仅在容量密度上，需要破解的难题就是如何在1升的"水桶"里装上2升的"水"。当然，这个问题因为硫元素已经打开了解决的口子。

"锂硫电池是一种新型的高能量密度电池，是以硫作为电池正极，金属锂作为负极的一种锂电池，其理论容量远超过目前商用的锂电池。"夏新辉介绍，这是因为在诸多电池正极材料中，硫元素以容量密度高、能量足而被广为看好。然而，单质硫存在一个致命弊端，就是硫本身绝缘，且反应的中间产物会溶于电解液，从而产生损失。

长久以来，科学界就一直在为硫寻找一个"宿主"，也就是一处"好房子"来固定住硫元素。夏新辉团队的研究由此开始，"只有找到好的导电'房子'，将硫安顿好，才能让这一元素真正发挥储能作用"。

实验中，研究团队利用孢子碳特殊的结构，结合一些特殊的纳米造孔技术，制备出了一种全新的霉菌孢子碳/纳米磷化镍复合材料。

科研人员首先将霉菌通过发酵培养,然后通过镍的造孔能力将其结构优化,再经过高温碳化后,产生霉菌孢子碳/纳米磷化镍复合材料。之后就是与硫元素的融合,在155℃的温度下让硫熔融,以熔融态与碳材料混合,携带的硫就进入了"房子"。

这间"房子"怎么样?

科研人员发现,这种霉菌孢子及其孢子碳材料具有非常特殊的多孔微纳结构,由一种迷宫状的次级结构构成,具有较高的比表面积。同时,霉菌孢子所衍生的碳材料具有氮、磷元素的原位掺杂,对锂硫电池运行过程中产生的穿梭效应具有显著抑制作用,并能提高电池的能量密度。

研究结果表明,这种全新的霉菌孢子碳/纳米磷化镍复合材料得益于其自身的高孔隙度、高导电性、大比表面积和多储硫位点,能够对中间产物进行物理/化学的双重吸附,因此使电池性能得到了极大的改善。

两个烂橙子引发的奇思妙想

评价电池质量的一个指标是正极材料的比容量,也就是1克质量的活性物质可以储存/释放多少电量,通俗来讲,即续航能力的长短。夏新辉团队研究的基于霉菌孢子碳的高能锂硫电池较市场上电池的最佳比容量高出3倍,未来有望解决电动汽车在长途行驶中续航不足的问题。与此同时,这款电池还在成本、使用寿命等方面有许多优势。

那么夏新辉团队是如何想到用霉菌来开展实验的呢?

秋天,除了菊黄蟹肥,也是橙子、橘子大量上市的季节。有一天,夏新辉买了一箱橙子,吃到后来发现下层的几个发霉了。一般人都会立刻扔掉,他却想知道霉菌的产生到底是什么样的物质在起作用。

"用到电池研究中,纯粹是一次'无心插柳'的实验。"夏新辉介绍。出于好奇,他拿来两个烂橙子和钟宇一起研究,此后便一发而不可收。浙大玉泉校区北门外有一个水果摊,店主会将烂水果送给夏新辉团队作为实验材料。

相关数据显示,我国每年由霉变造成的食材和货物损失高达2100万吨,其中保存期限较短的食物和果蔬(柑橘、番茄等)的损失尤占多数。夏新辉说:"若能将废弃粮食果蔬重新发酵利用,用于制备霉菌孢子碳材料,可实现废物利用,产生良好的经济效益。"

"目前锂硫电池仍在实验室阶段,研究的主要方向落在如何更加高效地利用导电性较差的单质硫和吸附易溶解的多硫化物中间产物上。"钟宇说。夏新辉告诉记者,科研就是求是创新和探索试错,同时需要脑洞大开的思维和不走寻常路的心态。边做边想,永无止境,纵使充满坎坷,仍需不断革新求变。科研如逆水行舟,不进则退;积跬步才能至千里。

此项研究得到国家自然科学基金、中央高校基本科研业务费专项资金、"钱江人才计划"、"浙江大学百人计划"等项目的资助。

(文:柯溢能)

后　记

　　科学研究，是浙江大学每天都在发生的故事；科研成果，是这所大学每天都在谱写的乐章。每一次抵达实验室、工厂车间、田间地头，无不为科研工作者们投身创新报国的实践而感动，也为他们身上的科学家精神所感召。他们，一片冰心在报国，创新敢为天下先，千淘万漉只为真，不为名利遮望眼，集智攻关无不成，甘为育人"铺路石"。

　　这本书，从科研成果的"小切口"，看到浙江大学扎根中国大地建设世界一流大学的澎湃实践。从浙江大学这个"小切口"，看到中国科技发展的日新月异，自信与力量。

　　随着 2018 年"浙江大学科学传播行动计划"的出炉，浙江大学党委宣传部（新闻办公室）就为本书撰写提出了一揽子方案。通过组织专门力量，创设"有趣的浙大科学"品牌，开辟"科学头条"栏目，在见人、见事、见理中开展科学传播。本书的编辑出版，还受到浙江大学党建研究中心资助。

　　科学是有趣的，但出版是严肃的。在本书付梓之际，感谢各科研团队专家学者一如既往对科普的支持，感谢"有趣的浙大科学"采编团队日以继夜的付出，感谢浙江大学出版社为本书的编辑出版所做的工作。

　　"问渠那得清如许？为有源头活水来。"读完这本书，希望有新的思绪涌上心头。

编　者

2020 年 3 月